KBS 사이언스 대기획
인간탐구 기억

KBS 사이언스 대기획 인간탐구

초판 1쇄 인쇄 2011년 10월 17일 초판 1쇄 발행 2011년 10월 25일

지은이 김윤환, 기억 제작팀
펴낸이 금동수
펴낸곳 KBS미디어
주소 서울시 마포구 상암동 1652번지 KBS미디어센터
전화 02)6939-8154
팩스 02)6939-8169

공급처 (주)위즈덤하우스
주소 경기도 고양시 일산동구 장항동 846번지 센트럴프라자 6층
전화 031)936-4000
팩스 031)903-3891
전자우편 yedam1@wisdomhouse.co.kr
홈페이지 www.wisdomhouse.co.kr

ISBN 978-89-5913-644-5 03180

저작권법에 의해 한국 내에서 보호를 받는 저작물이므로 무단전재와 무단복제를 금합니다.

국립중앙도서관 출판시도서목록(CIP)

기억 : KBS 사이언스 대기획 인간탐구 / 지은이: 김윤환,
(KBS) 기억 제작팀. — 고양 : 위즈덤하우스, 2011
p. ;   cm

ISBN 978-89-5913-644-5 03180 : ₩16000

기억[記憶]

511.1813-KDC5
612.82-DDC21   CIP2011004059

KBS 사이언스 대기획
인간탐구 **기억**

: 김윤환, 기억 제작팀 지음 :

▶▶▶
'기억'과 '망각'을 동시에 내게 선물한 산

'산악인 엄홍길.' '한국 최초 히말라야 16좌 완등.'

사람들은 나를 떠올릴 때 히말라야의 높은 산봉우리를 같이 떠올리며 산사나이에 대한 선망과 부러움의 시선을 함께 보내준다.

내게 있어서 '기억'은 주로 산으로부터 시작해서 산으로 끝난다고 해도 과언이 아닐 것이다. 첫 히말라야의 봉우리를 등정했을 때의 벅찬 기억부터, 동료와 셸파의 죽음을 산에 두고 왔을 때의 슬픈 기억까지. 이렇듯 어제 일 같은 생생한 기억들이 있는 반면에, 어느 날부터인가 나는 하찮은 물건을 잃어버리기 시작하더니, 점점 중요한 약속마저 잊어버리는 일이 잦아지기 시작했다.

배낭의 열쇠를 찾지 못해서 수십 개의 자물쇠를 사야 했고, 방금 만나서 얘기를 주고 받은 사람의 이름을 잊어버려서 상대방을 난감하게 하는 일이 종종 있었으며, 약속이 두 개 이상 있는 날엔 그 약속이 있었다는 사실조차 기억 못하는 날이 태반이라 늘 불안한 마음이 들 지경이었다. 그러던 차에 KBS 〈기억〉 제작팀으로부터 아주 흥미로운 제안을 받은 것이다. 내 건망증에 대해 과학적으로 접근하겠다는 제작진의 설명에 기대 반 두려움 반인 심정으로 참여했고, 결국 내 건망증의 원인이 내가 그토록 자랑스럽게 여겼던 고산 등반에 있었음을 방송을 통해 알게 되었다.

　동전의 양면, 칼의 양날처럼 산에 대한 '기억'과 일상에 대한 '망각'을 동시에 내게 안겨준 산.

　산사나이로서 나의 고산 등반은 내 운명과도 같은 것이었으나, 올라갈수록 기압이 낮아지는 고산 등반은 내 뇌에는 커다란 압력과 압박으로 작용해서 건망증을 일으켰다니. 그러나 잘 기억하는 것도 중요하지만 잘 잊어버리는 것도 중요하다는 걸 방송을 통해 알게 된 후, 내가 시지프스처럼 끝없이 힘든 산을 오르내릴 수 있는 것도 다 망각이 준 선물이 아닐까 하는 생각을 해보게 된다.

　'기억'과 '망각'이라는 소재를 과학적으로 진지하게, 때로는 따스한 인간의 얘기로 풀어낸 KBS 사이언스 대기획 〈기억〉은 내게 잘 기억하는 것뿐만 아니라, 잘 망각하는 것도 삶의 선물이 될 수 있음을 알게 해준 정말 따스한 과학 프로그램이었다.

　그 내용들을 한데 모아 책으로 출간한다니 참으로 기쁘다. 나와 비슷한 고민을 안고 사는 엇비슷한 연령대의 사람들이 한 번쯤 읽어보면 삶에 대한 또 다른 시각과 희망으로 내일을 바라볼 수 있을 것이다. 앞으로 내 삶은 늘 그래왔듯이 산에 대한 좋은 '기억'으로 살아갈 것이고, 내 마음은 고산 등반에 대한 힘겨움은 '망각'한 채로 또 히말라야를 향해 있을 것이다.

_엄홍길 대장 세계 최초 16좌 등반 산악인

삶은 흐르지만 기억은 새겨진다

　얼마 전 KBS는 '기억'이라는 주제로 사이언스 대기획 3부작을 방영하였고, 이제 그 내용을 더 다듬고 보완하여 책으로 출간한다.
　제1부 〈오래된 미래, 기억〉에서는 단기기억상실 환자로부터 이야기의 실마리를 풀어 나간다. 이 환자들은 뇌의 깊숙한 장소에 위치한 약 5센티미터 크기의 '해마'라는 곳에 문제를 가지고 있는데, 어떻게 해마가 기억을 만들고 또 저장하는지를 이들의 사례를 통해 얘기하고 있다. 또한 우리가 믿고 있는 기억이란 것이 얼마나 불완전한 것인지를 실감나는 실험으로 풀어 나간다. 특히 우리의 기억은 지난 날들의 단순한 기록이 아니라 앞으로의 일들을 상상할 수 있게 해주는 보물 창고와 같은 존재라는 메시지가 신선하게 다가온다.
　제2부 〈봄날은 온다〉에서는 건망증 또는 치매에 따라오는 기억력 저하의 원인을 자세히 설명한다. 기억력은 선천적인 원인으로 저하될 수도 있지만 스트레스나 산만한 환경 등 후천적 원인으로도 나빠질 수 있다. 이는 기억력 감퇴라는 것이 꾸준한 노력과 습관으로 좋아질 수도 있다는 것을 의미한다. 실제로 이 책에서는 158명의 자원자 및 전문 의료인들이 참여한 '기억력 회복 프로젝트'를 통해 기억

력 증강에 도전한다.

    제3부 〈두 번째 선물, 망각〉에서는 기억의 반대 얼굴인 망각을 얘기한다. 끊임없이 계속되는 망각에 우리는 아쉬워하고 때로는 화도 내보지만, 어쩌면 망각 덕에 보호받고 있는지도 모른다. 힘든 기억은 차라리 잊혀지는 것이 더 나을지도 모르기 때문이다. 명상이나 수면 등을 통해 뇌가 쉬고 있을 때 기억이 사라질 수도 있다. 그러나 이 과정은 오히려 기억이 정돈되는 시간이다. 꼭 필요한 기억은 보존하고, 필요 없는 기억은 삭제되는 것이다. 그러나 감정이 이입된 기억은 절대 망각되지 않는다. 생존에 도움이 되기 때문이다. 하지만 강렬한 감정 기억들은 불가피하게 고통을 수반한다. 이는 긍정적으로 전환될 필요가 있는데, 다행히도 이 책은 성공적인 사례들을 얘기하고 있다.

    이 책은 '기억'이라는 주제에 대한 방대한 서사시다. 전문 과학자 및 방송인들이 여러 해 동안 힘을 모았다. 크고 작은 주제들은 매번 이해하기 쉬운 임상 환자들 이야기로 시작되지만, 관련 뇌신경 기전들은 상당히 깊게 파헤쳐지고 있다. 놀랍도록 사실적인 컴퓨터 그래픽들도 창의적 표현을 위한 고민의 흔적들이 역력하다. 주요 외국 연구자들은 인터뷰를 통해 그들의 발견과 그것들이 의미하는 바를 생생히 증언한다. 이미 세계 수준에 도달한 국내 전문가들과 도움을 아끼지 않은 임상 환자들의 참여도 내용에 풍성함을 더한다. 놀라운 깨달음으로 가득한 이 '기억'의 세계에 여러분들을 초대한다.

_김은준 KAIST 생명과학과 교수

▶▶▶
기억만큼 복잡하면서도
매력적인 연구 주제는 없을 것이다

　울고, 웃고, 말을 하고, 분노하고, 생각을 하고, 행동을 하고, 꿈을 꾸고……. 이 모든 것은 뇌에서 하는 일이다. 40년 이상 뇌를 연구해 오고 있지만 아직도 나에게 뇌는 미지의 영역이자 도전의 영역이다. 뇌세포 하나하나에 숨겨진 비밀들, 그 속에 숨어 있는 원리를 밝히기 위해 세계에서 처음으로 PET이라는 뇌 촬영 영상장치도 개발하고, 지금은 고해상도 7.0T MRI로 매일 뇌를 들여다보고 있지만 여전히 풀어야 할 숙제들이 산적해 있다. 내가 속한 가천의대 뇌과학연구소에서 연구하는 여러 과제 중 하나가 인간의 '기억'이다. '기억'만큼 복잡하면서도 매력적인 연구 주제는 없을 것이다. 우리 외에도 세계 유수의 연구기관에서 다양한 각도에서 인간의 '기억'을 들여다보고 있다. 기억은 어떻게 생겨나고, 왜 없어지며, 또 유지할 수 있는지, 그 뇌세포의 메커니즘을 밝히기 위해 수많은 석학들이 밤을 지새우고 있다.

　그러던 중 KBS 사이언스 대기획 〈기억〉의 제작에 참여할 수 있는 기회가 왔다. 우리 연구소에서 하는 연구와 관련된 부분도 있었고, 실체가 보이지 않는 인간의 '기억'을 과학적 다큐멘터리로 제작해 영상으로 구체화한다는 점에 상당한 흥미를 느꼈다. 인간에게 있어 기억은 무엇이고, 기억이 없다면 어떠한 일이 벌어지고, 그 기억을 잘 유지하기 위해선 무엇을 해야 우리 뇌가 건강해질까 등을 눈으로 볼 수 있도록 제작한다는 점이 마음에 들었다.

    과학자들이 수없이 많은 실패의 과정을 거쳐 소중한 결과를 얻는 것처럼 과학 다큐멘터리도 수많은 실패와 시행착오를 거쳐서 탄생한다는 것을 〈기억〉 제작팀과 일 년여를 함께 작업하면서 직접 알게 됐다. 인간 뇌의 우수함과 신비함을 보여주기 위해 우리 연구소 팀들과 함께 기억상실자들의 상상실험과 PET-MRI 촬영, 멀티태스커 기억실험, 망각실험 등 장시간이 필요한 실험들을 여러 차례 진행하는 등 많은 노력을 다한 것으로 알고 있다. 그 결과물이 지난 봄 시청자들에게 선보였고, 또 다양한 내용들이 추가되어 책으로 출간된다니 참여한 한 사람으로서 축하한다. 책에는 방송 프로그램에서 다 하지 못했던 내용들을 쉽게 이해할 수 있도록 참고 영상과 해설을 곁들여 읽는 이로 하여금 지적 궁금증과 호기심을 충분히 충족시킬 수 있도록 돼 있다.

    모쪼록 이 책이 기억의 실체와 미래에 대해 궁금해 하던 분들께 좋은 길잡이자 해설자로서의 역할을 다할 수 있으리라 본다. 내 속의 나를 알고 싶은 모든 분들께 일독을 권한다.

_조장희 박사 가천의대 뇌과학연구소 소장

▶▶▶
기억은 인간의 전유물이 아니다

　다큐멘터리를 시청할 때 우리는 종종 과학적 사실관계에 몰두한 나머지, 앞뒤 장면이나 대화의 함축성에 대한 충분한 이해 없이 지나쳐 버리는 경우가 적지 않다. 프로그램이 끝난 후에야 보고 들은 내용에 대해 좀 더 자세히 알고 싶은 생각을 하게 된다. 지적 호기심을 자극하는 〈기억〉 같은 과학 다큐멘터리는 더욱 그렇다. 이러한 시청자의 마음을 제작진이 헤아려 풍성하고 친절한 책을 만든 것은 〈기억〉이라는 작품을 기획한 것과 같이 훌륭한 일이었다고 생각한다.
　이 책에 수록된 '기억' 관련 자료들은 그 정확성과 과학성이 돋보인다. 국내 전문가는 물론 국제적으로 잘 알려진 기억의 대가들을 제작진이 직접 찾아 인터뷰한 것이기 때문이다. 뿐만 아니라, 전문가들이 펼치는 최신 지견에 대해 일반인의 관점에서 핵심 질문을 던짐으로써 우리의 궁금증을 말끔히 해소시켜준다. 정상적인 기억 과정과 뇌 손상으로 기억 장애를 겪는 국내외의 가장 적합한 사례를 찾아내 보여주고 의미를 해설한 것은 지금까지 시도된 어떤 과학 다큐멘터리에도 뒤지지 않는다. 우리나라에서 이 정도 수준의 과학 다큐멘터리 작품이 나왔다는 사실에 자부심마저 느끼게 된다.

이 프로그램의 자문을 맡았던 필자는 진행 과정에서 보았던 제작진의 열정과 학구적 태도에 깊은 감명을 받았다. PD와 작가 모두가 한마음이 되어 장면 하나하나까지 주제와 관련된 부적절한 내용이 있다면, 그것이 아무리 사소한 것일지라도 배제하기 위해 노력했다. 전문 분야의 학술 논문을 이해하기 위해 여러 차례, 경우에 따라서는 며칠 간 관련 분야 강의를 청강하는 등 과학적 타당성을 제1의 숙제로 삼았다는 것을 잘 알고 있다. 필자 역시 시도 때도 없이 제작진에게 괴롭힘(?)을 당했지만, 그 시간들이 밉지 않았다. 비전문가인 그들의 눈물겨운 노력을 필자의 지식으로 가까이에서 도울 수 있었음에 오히려 감사하기까지 하였다. 기억은 인간의 전유물이 아니다. 어쩌면 영장류가 기억을 이미지화하는 데 인간보다 더 뛰어난 능력을 가지고 있을지도 모른다는 주장도 있다. 기억의 비밀은 바로 인간의 앞쪽 뇌, 즉 전두엽에 있다. 모든 정보를 모아 최종 결정을 내리는 사령탑 같은 곳이다. 이 부위 덕분에 인간의 기억은 과거에만 머무는 것이 아니라 상상 또한 할 수 있게 된다.

인간의 기억에는 진화론적 생존원리가 숨어 있다. 접한 정보를 모두 다 담는 것은 불가능하다. 따라서 집중·선택의 과정을 통해 생존에 불리한 것은 버리고, 유리한 것은 취하게 된다. 참으로 현명한 착각이 아닐 수 없다. 기억은 그러한 것이다.

이 한 권의 책이 기억의 심연으로 여행을 떠나고 싶어 하는 여러분에게 즐거운 길잡이가 되기를 진심으로 바란다.

_지제근 서울대학교 의과대학 명예교수

▶▶▶

봄날처럼 다시 기억을 되돌릴 수도 있다

대한치매학회와 KBS 〈기억〉 제작팀이 함께 모여 '인간의 기억은 퇴행하기만 하는 것일까? 기억을 회복시키는 방법은 없을까?' 하는 문제를 놓고 일 년여 동안 고민했다.

여러 가지 과학적인 자료들을 찾고, 과학적인 근거에 입각해서 '우리의 사라져가는 기억은, 여러 가지 다양한 노력에 의해 봄날처럼 다시 되돌릴 수도 있다'라는 것을 국민들에게 보여주기로 했다. '기억'에 관심이 많은 전문가와 참여자분들이 기억력 회복 프로젝트에 함께하여 또 일 년의 기간 동안 기억력을 회복시키기 위한 실험을 하게 되었고, 그 결과로 사이언스 대기획 인간탐구 다큐멘터리 〈기억〉이 탄생하게 되었다. 그리고 이번에는 책으로 출간되어 많은 사람들에게 도움을 줄 수 있게 되었다. 이 책은 '기억이 없어진다'라고 불안해 하는 여러분들에게 희망의 문을 활짝 열어줄 거라 확신한다.

기억력은 나이가 들면서 조금씩 감퇴한다. 여러분이 제일 두려워하는 알츠하이머나 혈관성 치매 같은 신경계 뇌질환 때문이기도 하지만, 모르는 사이 굳어진 나쁜 생활습관이 기억력 저하의 원인이 되기도 한다.

대한치매학회와 KBS가 기억력을 저하시킬 수 있는 모든 원인을 분석하고, 기억력 회복을 위한 올바른 생활습관 되찾기 및 기억력 훈련 프로그램을 실시하였다.

그 생생한 뒷이야기와 기억력 회복을 위한 식생활습관, 일상생활에서 지켜야 할 습관들, 그리고 구체적으로 어떤 노력들이 기억력을 회복시킬 수 있는지가 이 책에 담겨져 있다.

이 책을 한 장씩 읽어 나갈 때마다, 당신의 기억력은 조금씩 변화돼 있을 것이다. 왜냐하면 40대의 기억력을 80대까지 유지시킬 수 있는 '4080'의 비밀이 담겨져 있기 때문이다.

_한설희 대한치매학회 이사장, 건국대학교 신경과 교수

▶▶▶ 저자의 글

2009년 가을. 비가 바짝 마른 나뭇잎을 적시던 어느 휴일. 성북동의 길상사에 법문을 들으러 갔었다. 복잡한 머리도 비울 겸 바람도 쐴 겸 해서 찾아간 자리였다. 당시 주지스님이었던 덕현스님은 대중들에게 사람의 근원적 존재 이유에 대한 물음을 던졌다.

'나는 누구일까요? 우린 왜 서로 다른 모습으로 이곳에 있을까요? 그리고 왜 고민이라는 것에서 벗어나지 못한 채 한평생을 살다가 떠날까요?'

1시간여의 법문이 끝난 후 서울이 내려다 보이는 툇마루에 앉아서 한참 동안 그 물음에 대해 생각을 해봤다.

왜 나는 남과 다르지? 부모님께 받은 유전자? 개성? 인격? 나를 나로 있게 하는 것은 뭐지? 그리고 나를 나답게 하는 것은 뭘까? 사람을 사람답게 하는 것은 뭘까? 그후로 그 질문들은 한동안 나를 괴롭혔고 지금도 그 답을 찾고 있는 화두가 되었다.

매일 단조로울 수 있는 삶의 패턴을 윤택하게 하고 내일을 기약하게 하는 것. 너와 내가 갖고 있으나 서로 다른 것. 그러면서 사랑하는 사람들과는 공유하고 있는 것. 이것이 없으면 생존을 위한 기본적 욕구만 남게 되는 것. 그것 중에 하나가 '기억'이 아닐까?

머릿속에 떠오르는 이런 몇 가지 상념으로부터 인간탐구 3부작 〈기억〉은 시작됐다.

없어지기 전까진 그 존재를 잘 알지 못하는 공기처럼 늘상 우리와 함께하는 것. 그래서 그 존재감이 그리 크게 보이지 않는 것. 그러나 누군가에게는 전부일 수 있는 것, 기억. '기억'은 우리에게 무엇일까? 보이지 않기에 그 실체를 쉽사리 알 수 없는 기억은 현재 전 세계 수많은 뇌과학자들의 가장 큰 연구 주제다.

기억에 대한 자료 수집과 여러 과학자들을 만나면서 생각보다 많은 연구기관과 학자들, 그리고 세계적 제약회사들이 뇌에서 일어나는 기억의 메커니즘의 연결고리를 찾기 위해 천문학적인 자금을 투입하고 있다는 사실에 놀랐다.

이미 미국과 유럽은 '기억'이 하나의 큰 시장이 되어 가고 있었다. 병원과 개인클리닉에서는 기억 잘하는 방법을 알려주고, TV에서는 잭 랜롬$^{Jack\ Lannom}$ 같은 슈퍼기억력자가 출연해 자신의 노하우를 공개하고, 서점과 인터넷에서는 기억력과 관련된 CD나 책이 스테디 셀러가 되어 팔리고 있고, 또 약국과 슈퍼마켓에서는 기억력에 좋다는 약들이 그 종류도 다양하게 전시돼 있었다. 물론 약이 아닌 건강보조식품으로도 많은 수가 팔리고 있었다.

그리고 암암리에 기억력에 좋다고 알려진 약들이 유통되고 있기도 했다. 실제로 각성제인 '모다피닐^{Modafinil}'은 원래 개발된 취지와는 달리 기억력을 좋게 해준다고 해서 학생들이 그 약이 가져다줄 부작용은 전혀 생각지 않고 시험 직전에 애용하는 것으로 공공연하게 알려져 있었다.

　왜 이렇게 많은 사람과 연구기관들이 기억과 기억력에 집착하고 있을까?

　그 이유를 찾는 데는 그리 오래 걸리지 않았다. 그들은 인간의 순수한 욕망을 정확하게 들여다보았던 것이다. 잊고 싶지 않은 욕망, 누구보다도 잘 기억하고 싶은 욕망, 그래야 내가 남과 다를 수 있고 달리 보일 수 있다는 욕망. 죽음으로 끝이 나는 인간 본성 중의 하나. 그래서 많은 사람들이 스마트 필(기억력 향상 약)을 기다리고 있는 것은 아닐까?

　만일 어느 날 아침, 우리의 과거 기억이 고스란히 사라진다면 어떻게 될까?

　사랑하는 사람을 기억 못하고, 누군가와의 추억을 기억 못하고, 내가 과거의 그 어느 시간과 공간에서 누구와 어떤 인연의 실을 짰는지를 기억 못한다면……. 실제로 부산과 경남에서 만난 60대 선생님과 20대 청년은 본능적으로 살고 있다는 느낌이 들었다. 40대와 20대에 찾아온 헤르페스 뇌염으로 인한 갑작스런 기억상실. 발병 이후 어린아이처럼 본능적 삶에 충실한 채 주어진 시간에 정확히 식사하고 운동하고 산책하고. 누군가와의 대화는 며칠 전, 몇 달 전, 몇 년 전 것과 동일하게 반복하고. 자신의 욕구에만 집착하고, 돌봐주는 사람이 없으면 새로운 곳은 가지도 못하고 아무것도 할 수도 없는 삶.

그래서 본인은 모르나 지켜보는 사람이 너무나 괴로운 삶.

행복한 삶이란 뭘까? 그것은 본인이 정한 기준에 따라 다소 다를 것이다. 그러나 그 본질은 유사하지 않을까 싶다. 인생이라는 대장정을 살면서 의미 있는 좋은 기억을 많이 갖고 싶은 본능 말이다. 그 본능적 욕구의 한복판에 기억이 있다.

뇌를 통해 기억을 연구하는 세계 석학들과 작가들은 최근 인간의 기억을 대체적으로 이렇게 정의했다.

프랑스 작가 베르나르 베르베르는 "기억은 우리로 하여금 원점으로 돌아오게 하지 않고 위로 발돋움할 수 있게 도와준다"라고 하였다.

미국 하버드대 심리학과 다니엘 색터 교수는 "인간에겐 미래를 생각하고 계획하는 일이 중요한 일상인데 기억의 가장 중요한 목적은 과거의 일들을 기억해 미래를 예측할 수 있도록 하는 일이다"라고 하였다.

기억이 없다는 것은 미래가 없다는 것이다. 과거가 있어야 미래가 있고, 상상과 창조는 과거 기억을 바탕으로 이루어진다는 것이다. 그래서 인간의 기억은 소중하다.

행복한 삶을 살기 위해 기억을 다시 생각해 보는 계기가 되었으면 하는 게 개인적 바람이다.

사이언스 내기획 인간탐구 〈기억〉을 방송하면서 아쉬운 점이 많았다. '기억'이라는 방대한 바다를 60분, 3편이라는 시간에 다루어야 했다. 그래서 일 년여의 시간 동안 조사한 엄청난 양의 흥미로운 자료와 연구 데이터들 그리고 석학들의 못다한 이야기들, 이것을 정리해서 책으로 내는 것이 나을 듯싶었다.

'기억'호가 출발할 수 있게 힘껏 이끌어준 이강주 선배, 안방마님으로 프로그램의 흐름을 잘 살려준 윤정화 작가, 한정 작가, 결코 쉽지 않았던 500여 명의 기억력 회복 프로젝트를 잘 맡아준 박은희PD, 600여 개의 국내외 테이프 분량이 말해 주듯 좋은 영상을 얻기 위해 힘든 촬영을 함께해준 김승민 촬영감독, 최기하 촬영감독, 일 년여의 시간 동안 국내외 수많은 자료를 족집게처럼 찾아준 한정윤 리서처, 윤인아 리서처, 이고은 리서처, 김민경 리서처, 처음에 좌충우돌했지만 각종 실험 준비와 촬영 준비를 묵묵히 해준 진샛별AD, 원영수AD, 과학 다큐멘터리의 딱딱한 영상에 아름다운 감성과 빛을 불어넣어 준 김준석 음악감독, 김지환 음향감독. 정병택 조명감독, 김남준 동시녹음감독, 프로그램제작에 많은 도움을 주신 선생님들과 제작에 협조해 주신 다수의 시민들, 그리고 보이지 않는 기억의 세계를 고급스런 영상으로 구체화시켜 많은 시청자들께 보는 즐거움을 선사해 준 특수영상팀 이선형, 이상률, 김상호, 정순홍, 김현성, 박은혜, 양광조 씨께 머리 숙여 감사드린다.

무엇보다도 일 년이 넘는 시간 동안 나의 빈자리를 군말 없이 감당해준 사랑하는 아내와 아빠 없이도 잘 자라준 이쁜 두 딸 예지와 혜림이 그리고 언제나 커다란 나무처럼 든든한 지원군이신 부모님께 감사의 마음을 전한다. 이 자리를 통해 아이들이 아빠에 대한 나쁜 기억을 좋은 기억으로 바꿀 수 있도록 한동안 나의 자리를 지키겠다는 약속을 전한다.

2011년 10월
KBS 다큐멘터리국 김윤환 프로듀서

CONTENTS

추천의 글 004
저자의 글 014

PART 1 오래된 미래, 기억

Chapter 1 ▶▶▶ 기억이란 무엇인가

멕시코 '죽은 자의 날' 026 | 매일 첫 인사를 하는 남자 030 | 사라진 기억의 조각 035

Chapter 2 ▶▶▶ 기억을 해부하다

기억의 첫 단추, 해마 038 | 기억은 어떻게 저장되나 042 | 변연계의 가장 중요한 중추, 해마 043 | 기억을 잃은 사람들 046 | 당신의 기억이 어느 날 사라진다면_초기의 혼란 049

Chapter 3 ▶▶▶ 기억은 불완전하다

기억의 재구성 052 | 신경세포가 대화하는 법 056 | 시냅스와 학습 능력의 상관관계 059 | 연결보다 중요한 시냅스의 가지치기 060 | 허위 기억 068

Chapter 4 ▶▶▶ 기억은 생존이다

생존 기억 071 | 공포에 무의식적으로 반응하는 인체 074 | 시각을 뛰어넘는 청각의 공포감 076 | 공포를 관장하는 편도체 077 | 인간의 기억력을 뛰어넘는 동물의 기억력 081 | 침팬지 엄마, 제인 구달 083

Chapter 5 ▶▶▶ **기억력, 높일 수 있을까**

놀라운 기억력을 가진 사람들 086 | 기억의 거인 089 | 기억왕 도어맨 091 | 기억력과 지능의 관계 093 | 기억력의 비밀, NMDA 수용체 095 | 스마트 쥐 097 | 기억을 높여주는 약 099

Chapter 6 ▶▶▶ **기억을 이해하라**

기억을 지우는 소뇌 108 | 기억은 사라져도 감정은 남는다 110

Chapter 7 ▶▶▶ **기억은 오래된 미래다**

바다를 상상하지 못하는 사람들 112 | 과거 회상과 미래 상상 115 | 기억은 창조와 상상을 위해 존재한다 119 | 미래 기억 121

PART 2 봄날은 온다

Chapter 1 ▶▶▶ **대한민국 기억 상실의 시대**

머릿속의 지우개 126 | 알츠하이머성 치매의 역습 129 | 할아버지가 훨씬 더 자주 '깜박' 잊는다 131 | 휴대진화 알람이 하루 수십 개, 워킹맘의 건망증 132 | 40대, 실직 후 찾아온 건망증 133 과도한 스트레스가 건망증을 키운다 135 | 주부 건망증 137 | '뒤돌면 잊어버리는 증상' 치매일까? 건망증일까? 140

Chapter 2 ▶▶▶ 멀티태스킹의 함정

멀스태스킹 인간형은 괴롭다 142 | 한꺼번에 여러 가지를 해낼 수 있다 145 | 디지털 치매 147

Chapter 3 ▶▶▶ 기억도 습관이다

내비게이션 없이 운전하는 택시기사 153 | 일반인의 뇌 vs 택시기사들의 뇌 155
런던의 택시기사들 159

Chapter 4 ▶▶▶ 기억력 회복 프로젝트

인간의 노화 163 | 158인의 도전 164 | 술에 취한 20대 의대생 170 | 기억을 술술 지우는 알코올 172
주부 알코올 중독증 174 | 알코올이 뇌에 미치는 영향 175 | 뇌손상이 기억에 미치는 영향 177

Chapter 5 ▶▶▶ 잘 기억하고 잘 사는 법

기억, 되살릴 수 있다 180 | 꾸준한 학습으로 뇌를 되살려라 181 | 뇌는 늙지 않는다 182 | 꾸준히 운동하고 기억하라 183 | 손상된 기억으로도 잘 살 수 있다 187 | 내 인생에 봄날은 온다 190

PART 3 두 번째 선물, 망각

Chapter 1 ▶▶▶ 기억은 사라지지 않는다

백 년의 기억 196 | 1초의 파노라마 198 | 기억의 분산 202 | 홀로노믹 이론 204

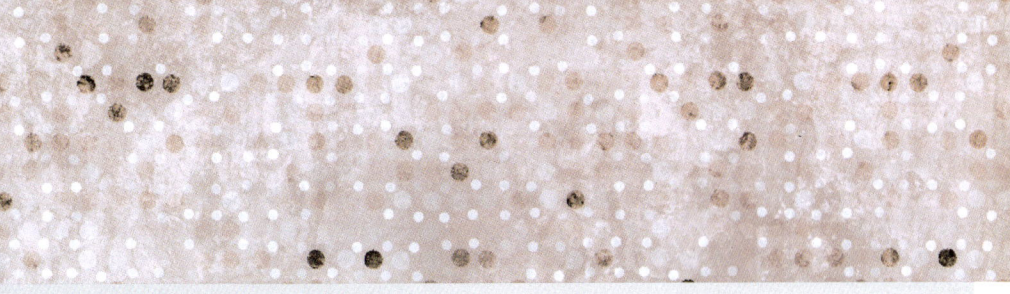

Chapter 2 ▶▶▶ **기억의 그림자**
**기막힌 망각의 순간들 210 | 히말라야가 준 훈장, 건망증 213 | 망각의 과학 215
지워진 기억들 219**

Chapter 3 ▶▶▶ **잘 지워야 잘 기억할 수 있다**
수면과 망각 224 | 초파리, 인간 유전자 정확도 74퍼센트 227 | 인생을 바꾸는 수면 231 | 뇌를 쉬게 하라 235 | 꿈과 추억의 상관관계 237 | 세타파, 기억력을 높이다 239

Chapter 4 ▶▶▶ **생존을 위해 기억을 버리다**
고통의 탈출구 망각 242

Chapter 5 ▶▶▶ **살아남는 기억, 감정기억**
후각을 자극하면 기억이 되살아난다 247 | 프루스트는 신경과학자였다 251 | 아픈 기억 지우기 252 | 고통을 잊는 최면수술 254 | 악몽의 포로가 되지 않은 사람들 261 | 내 안의 작은 거인, 외상 후 성장 267

Chapter 6 ▶▶▶ **나쁜 기억, 좋게 바꿀 수 있다**
인생, 남길 것과 지울 것을 선택하라 270 | 희망을 선택하라 274

**기억력 회복을 위한 다이어리_봄날은 온다 276
참고논문 292
참고도서 301**

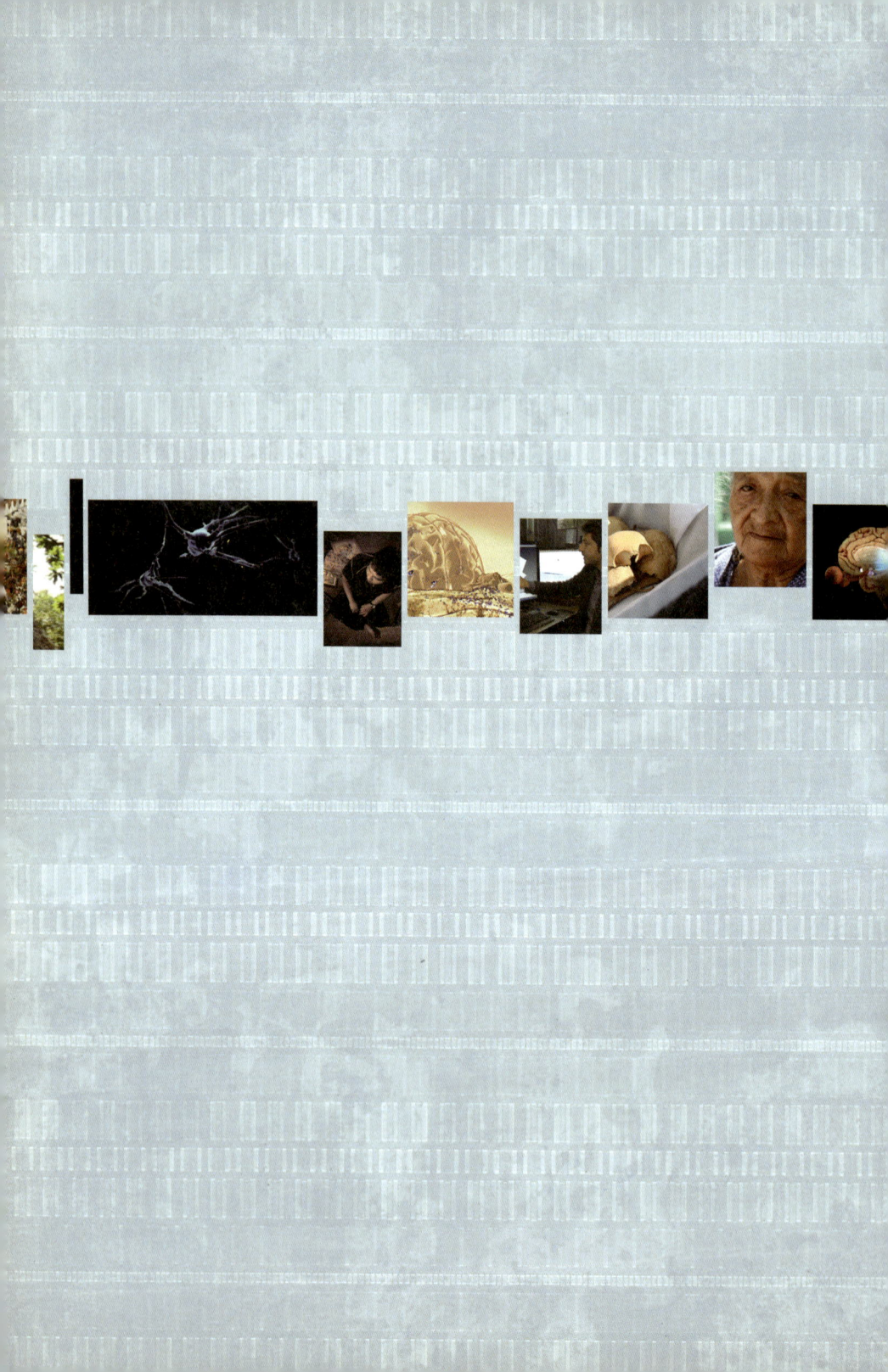

PART 1

오래된 미래, 기억

누군가 당신을 기억한다면, 당신은 사라진 것이 아니다

기억이란 무엇인가

▶▶▶ **멕시코 '죽은 자의 날'**

　푸른 달빛 아래 드러난 쓰레기장 뒤, 늙고 볼품없는 고양이 그리자벨라는 눈부시게 아름다웠던 자신의 지난날을 추억하며 애절하게 노래를 부른다.

　기억에 당신을 맡겨요.
　마음 열고 들어가요.
　……
　당신의 새로운 삶이 시작될 거예요.

　세계적으로 유명한 뮤지컬 〈캣츠〉 중 '메모리memory'란 곡이다. 기억이란 뜻을 가진 단어는 'memory' 외에도 'mind', 'remember'가 있는데, 기억이란 마음과 연관되어 있으며 과거의 시간을 되돌려보는 것임을 알 수 있다. 과거-현재-미래가 연결됨으로써 기억은 완전해지며, 그 기억은 '나'를 존재감 있는 자아로 만든다. 그러하기에 기억을 잃어버리는 것은 과거와 현재를 넘어 다가올 미래까지 송두리째 도둑맞는 것이다.

그렇다면 이런 기억의 근원지는 어디이고, 어느 곳에 어떻게 저장되며, 어디에서 잃어버리게 되는 것일까? 지금부터 우주만큼 복잡하고 신비로운 기억 속으로 여행을 떠나보자.

누군가 당신을 기억한다면, 당신은 이 세상을 떠나더라도 사라진 것이 아니다. 11월 멕시코 사람들에게는 더욱 그러하다.

멕시코 사람들은 '죽은 자의 날'에 묘지를 화려하게 치장해 죽은 영혼을 위로한다.

매년 11월 1일과 2일에 멕시코의 많은 시민들은 휴가를 즐긴다. 멕시코의 중요한 전통 축제일인 이날은 일명 '죽은 자의 날$^{El\ dia\ de\ los}$ ^{muertos}'로 우리나라의 명절과도 같다. 일 년에 한 번 죽은 자들이 이 승에 살고 있는 친지들을 찾아오는 날이다. 축제의 기원은 스페인이 멕시코를 정복한 때보다 훨씬 오래 전인 고대 아즈텍 시대로 거슬러 올라간다. 아즈텍인들은 죽은 사람들의 영혼은 4개의 장소로 가서 영원한 안식을 누린다고 생전에 믿었다.

죽은 이들의 영혼을 만나는 이날은 묘지뿐만 아니라 거리, 집 앞, 호텔 곳곳에 그들의 영혼을 위한 제단과 비석을 세워 정성스럽게 치장한다. 11월 즈음에 만개하는 셈파수칠(금잔화)은 '죽은 자의 꽃'이 라고 불린다. 시민들은 이 셈파수칠과 맨드라미로 꽃 장식을 만든 다. 여기에 불(촛불), 물, 흙(빵), 바람(종이) 등 4가지 장식품을 얹고 먼 여행길에 지쳤을 영혼들의 기운을 북돋워주는 전통 음식(타말레, 아톨레)을 장만해 축제를 벌인다. 이날 밤 12시, 종소리가 12번 울리 면 죽은 자들의 영혼이 찾아와 산 자들이 준비한 만찬을 즐기게 되 는 것이다. 축제는 어린 영혼의 날(1일)과 어른 영혼의 날(2일)로 구 분된다. 첫째 날은 사탕, 초콜릿 등 어린이들이 좋아하는 음식을 제 단 위에 올린다. 둘째 날에는 생전 고인이 좋아하던 음식이나 담배 를 바친다.

멕시코 남동부 유카탄 반도 캄페체 주의 주도 캄페체^{Campeche}. 이 곳의 작은 마을인 포무체는 주로 마야의 후손들이 모여 살고 있다. 마을에 하나뿐인 작은 공동묘지에서도 '죽은 자의 날'에는 특별한 일

멕시코 남부 유카탄 반도의 캄페체 마을 전경과 마을 사람들이 제단에 모셔두는 유체의 모습.

이 벌어진다. 묘지의 풍경은 예사롭지 않다. 주민들은 하루 종일 묘지를 쓸고 닦으며 죽은 자를 기억하는 것이다. 마야의 후손인 그들 역시 일 년에 한 번 죽은 자의 영혼이 유골을 찾아온다고 믿는다. 그들은 지금 영혼을 씻기고 단장하는 것이다.

마을 주민인 프란시스코 킨쵸 씨. 그는 할머니의 유골을 꺼내어 깨끗이 닦고 머리카락을 단장하고 있다. 지금도 아플 때면 할머니 생각

어린 딸을 잃은 칸델라리아 아반투스 할머니의 슬픈 기억은 세월이 흘러도 사라지지 않는다.

이 많이 난다는 그는 "어렸을 때 형편이 안 좋아 병원에 갈 수 없었는데 할머니가 돌보아 주셨다"라고 회상한다.

칸델라리아 아반투스(90세) 할머니도 1년에 하루, '죽은 자를 기억하는 날'을 그냥 지나칠 수가 없다. 태어나서 15개월밖에 살지 못하고 떠난 딸아이 때문이다. 그녀는 50년도 훨씬 더 지난 기억이지만 매번 그날이 올 때마다 가슴이 찢어질 듯 아프다. 제대로 품어보지 못한 딸이지만 그녀의 기억 속에서는 딸아이가 사라지지 않았기 때문이다.

▶▶▶ 매일 첫 인사를 하는 남자

할리우드의 귀여운 여배우 드류 베리모어와 아담 샌들러가 나왔던 〈첫 키스만 50번째〉라는 영화가 있다. 이 영화에서 여주인공인 드류 베리모어는 단기기억상실증이란 병에 걸렸다. 이 병은 뇌 측두엽 temporal lobe 부근에 심각한 손상을 입었을 경우 주로 발생한다. 이로 인해 기억을 저장하거나 재생할 때 문제가 발생한다. 영화에서 남

헤르페스 뇌염으로 단기 기억을 상실한 최한길 씨. 하지만 장기 기억에는 이상이 없는 그는 고스톱을 칠 때 점수 계산도 정확히 해낸다.

자 주인공은 매일 새로운 사랑을 시작한다는 기쁨과 호기심에 그녀에게 다가간다. 이 세상의 그 어떤 위대한 연인도 사랑의 유통기한이 3년 미만이라고 하니 어쩌면 이 연인에겐 잘된 일이었을까? 그러나 매번 자신과의 소중한 기억을 잃어버리는 여자를 진심으로 사랑하게 되면서 남자에게 설렘은 안타까움으로 바뀌어버렸다.

    우리가 살고 있는 지금 이 순간도 지나고 나면 기억이 된다. 하지만 모두에게 이러한 원칙이 적용되지는 않는다.

    최한길(58세) 씨가 그런 예이다. 그는 매일 아침 새로운 세상을 맞이한다. 15년 전부터 기억을 만들지 못하는 병을 앓고 있기 때문에

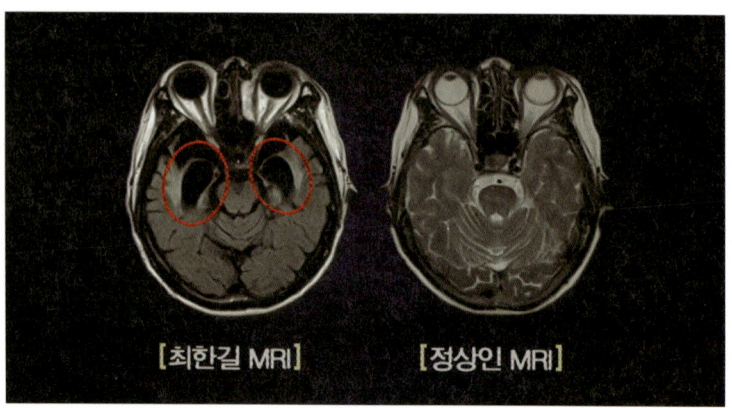

헤르페스 뇌염으로 해마에 커다란 구멍이 난 최한길 씨의 MRI 사진.

어제의 기억은 없다. 친구들과 장기를 두면 번번이 이기고, 고스톱을 칠 때조차 점수 계산이 정확해서 겉으로 보기에 그는 아무런 이상이 없다. 그러나 그의 집안 곳곳에는 '전화기 뚜껑을 열고 귀에 대고 받으세요' 등의 수수께끼 같은 표시들이 빽빽하다. 사실 그는 단기기억 상실 환자이다. 그래서 어제 함께 신나게 놀았던 사람을 다음날 알아

> **tip**
>
> **헤르페스 뇌염**
>
> 헤르페스 뇌염은 제1형 헤르페스 바이러스로 인해 발생하며 주로 성인에게 나타난다. 미국의 경우 전체 바이러스 뇌염 환자의 10퍼센트나 차지할 정도로 심각한 질병이다. 주로 피부 점막이나 손상된 피부가 단순포진 바이러스에 노출되었을 때 발생하는데, 바이러스가 신경절ganglion에 잠복하기 때문에 대부분 감염에 대한 자각이 어렵다. 헤르페스 바이러스는 감각 신경을 타고 피부 점막 부위를 지나 뇌로 전이되면 뇌의 측두엽에 염증을 유발한다. 초기에는 두통, 발열 등의 일반적인 증상이 나타난다. 이후 경련이 발생하면서 병의 증상이 심화되는 것으로 알려져 있다.

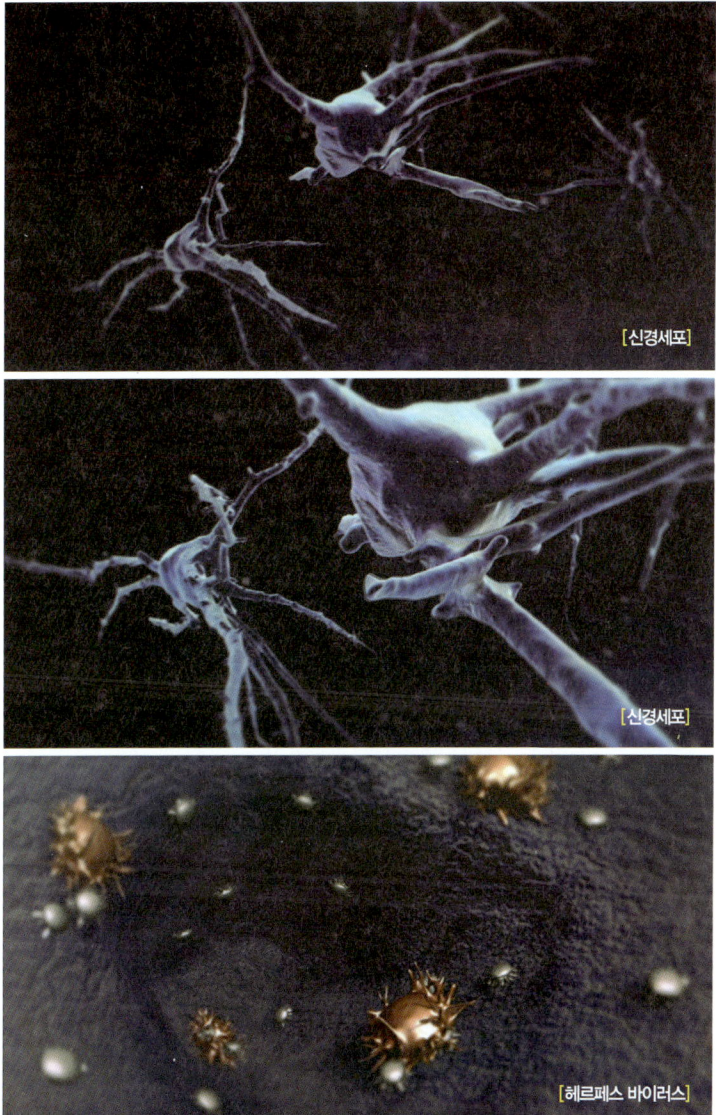

[신경세포]

[신경세포]

[헤르페스 바이러스]

헤르페스 뇌염은 헤르페스 바이러스가 신경세포를 타고 뇌에까지 전이되는 것이다. 특이한 것은 이 바이러스가 단기 기억을 만드는 해마만 공격한다는 것이다.

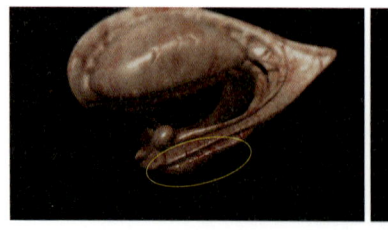 

헤르페스 바이러스 공격 전 해마의 모습과 공격 후 줄어든 해마의 모습

보지 못해 당혹스러울 때가 한두 번이 아니다. 도대체 그에겐 무슨 일이 있었던 것일까?

그는 초등학교 교사로 일하던 15년 전 봄날, 심한 고열로 몸살을 앓았다. 심한 고열을 앓고 난 후부터 그는 기억을 만들지 못하게 되었다. 그때 뇌에 어떤 손상이 있었는지는 정확하지 않다. 그는 교사로서 첫 발령을 받고 난 이후에 가르쳤던 아이들의 이름을 또렷이 기억할 정도로 발병 이전의 기억은 너무나 선명하다. 장기 기억에는 이상이 없는 것이다. 그러나 발병 이후부터는 새로운 상황들을 저장할 수가 없어 점차 기억은 희미해져 갔다.

뇌 MRI 결과, 그의 뇌에 커다란 구멍이 생겼음을 발견했다. 그 부분은 단기 기억을 저장하는 해마^{hippocampus}였다. 그리고 헤르페스 뇌염$^{herpes\ encephalitis}$이 그의 기억을 앗아간 범인으로 밝혀졌다. 헤르페스 뇌염은 세포 아래 숨어 있던 헤르페스 바이러스가 면역력이 약해진 틈을 타 뇌에까지 전이되는 것이다. 헤르페스 바이러스 때문에 염증이 생긴 해마는 신경세포의 무덤으로 변한다.

특이한 것은 이 바이러스가 단기 기억을 만드는 해마만 공격한다는 것이다. 이로 인해 새로 습득하게 되는 기억에 문제가 생긴다. 현대 의학으로 손상된 해마를 회복시킬 수 있는 방법은 아직까지 없다.

▶▶▶ 사라진 기억의 조각

호원대학교 소방행정학부를 다니며 소방관이 되고 싶었던 청년 조영훈 씨. 그는 5년 전, 군복무 중 헤르페스 뇌염에 걸렸다. 군대생활 7개월째였다. 그가 갑작스러운 발작으로 쓰러져 강원도 인제수도병원에서 깨어난 건 9일 만이었다. 그러나 발병 이후 7개월 동안의 군대생활에 대한 기억은 모조리 사라지고 없었다. 그때부터 그는 기억을 만들지 못하는 삶을 살고 있다.

그의 하루 일과는 발병 전과 달리 매우 단순해졌다. 일어나서 밥 먹고, 담배 피우고, 퍼즐하고, 낮잠 자고, 또 밥 먹고, 또 담배 피우고.

기억을 잃는다는 것은 삶의 조각을 잃는 것과 같다.

시간과 장소를 가리지 않고 담배를 피우는 유별난 집착이 생긴 후 담배꽁초가 수북이 쌓인 재떨이가 그의 존재를 확인시켜주고 있다. 그런데 그는 좀 전에 자신이 담배를 피웠는지조차 기억하지 못한다. 시간의 흐름을 깨닫지 못하는 불안감 때문일까? 그는 한시도 편안해 보이지 않는다.

정확히는 아니지만, 자신에게 무엇인가 문제가 있다는 것을 인지한 것 같은 영훈 씨는 가끔 엄마에게 군대에 다시 가보고 싶다고 말한다. 과거의 장소를 찾으면 잃어버린 기억의 퍼즐을 맞출 수 있을 것 같은 느낌이 드는 것일까?

그의 의미 없는 질문이 엄마에게는 깊게 다가온다. '혹시나 다시 기억을 찾은 것인가? 예전 꿈 많고 건강했던 영훈이로 다시 돌아온

> **tip**
>
> **헤르페스 뇌염이 측두엽간질을 동반하는 이유**
>
> – 김희진 교수(한양대학교 신경과)
>
> 뇌를 하나의 전기체로 보면 쉽게 이해할 수 있다. 뇌 안에 염증이 생기는 것 자체가 뇌세포 간의 전기전달 신호를 교란시킨다. 헤르페스 바이러스가 아니더라도 염증이 생기면, 전기신호가 교란되어 원치 않은 순간에 몸을 떠는 등 이상 증상이 발현되는 경우가 있다. 헤르페스 바이러스가 일으키는 것은 단순한 발작이 아니다. 해마가 몸의 움직임을 관할하는 영역은 아니지만, 정전기가 올랐을 때 머리카락이 쭈뼛 서고, 손이 따끔하고, 심한 경우 온몸이 저릿저릿한 것처럼 뇌 전체가 전기 전달에 민감한 전기체이기 때문에 교란된 전기신호에 반응해 발작을 일으키게 되는 것이다.
>
> 즉 해마영역의 'mossy sprouting pathway'라는 곳에 생긴 염증 때문에 이상이 생겨, 원래 유효신호에만 열려 전기신호를 전달해야 함에도 불구하고 유효하지 않은 신호에도 전기신호를 잘못 전달하면서 간질 증상이 일어나게 된다. 이것이 바로 측두엽간질이다.

걸까?' 엄마는 한시도 희망의 끈을 놓지 않고 싶다. 하지만 시도 때도 없이 그에게 일어나는 측두엽간질에 의한 경련은 엄마를 또다시 한숨 쉬게 한다. 그렇게 그의 몸부림 속에서 기억은 또 하나씩 지워져 간다. 기억을 잃은 스물일곱 청년은 이제 삶의 이정표까지 잃어버리고 있다.

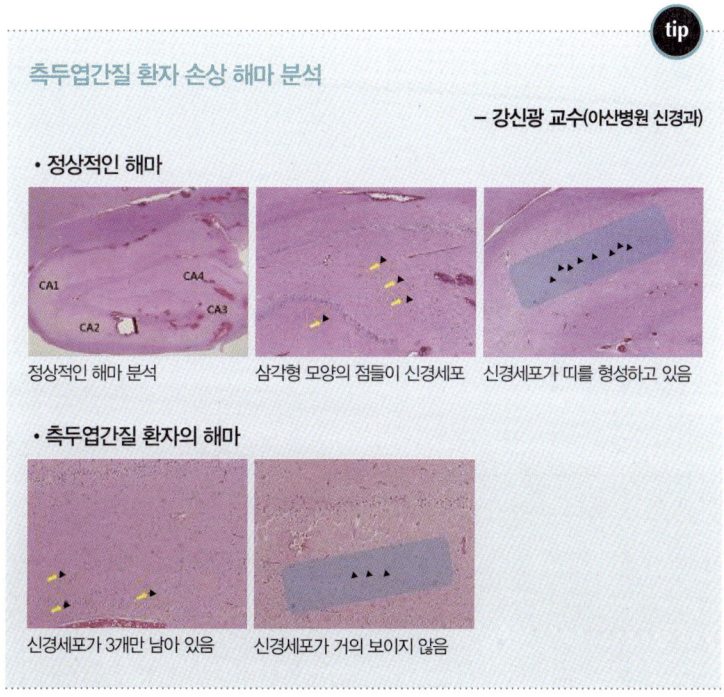

tip

측두엽간질 환자 손상 해마 분석

– 강신광 교수(아산병원 신경과)

• 정상적인 해마

정상적인 해마 분석 / 삼각형 모양의 점들이 신경세포 / 신경세포가 띠를 형성하고 있음

• 측두엽간질 환자의 해마

신경세포가 3개만 남아 있음 / 신경세포가 거의 보이지 않음

기억을 해부하다

▶▶▶ 기억의 첫 단추, 해마

뇌 전체를 작동시키기 위해서는 해마hippocampus의 역할이 무척 중요하다. 그 이유는 모든 기억 작업이 해마의 스위치가 켜지고 뉴런이 작동해야만 시작되기 때문이다. 즉 해마는 기억의 첫 단추, 출발점이다. 이렇듯 해마의 중요성을 증명한 유명한 사례가 있다.

1953년 미국의 간질 환자 헨리 몰레이슨 씨는 해마 전체와 대뇌피질cerebral cortex의 측두엽 일부를 수술로 제거했다. 간질이란 뉴런의 회로를 흐르는 전기 신호에 이상이 생기는 질병인데, 그는 수술에 의해 간질 증상은 없어졌지만 소중한 기억력을 잃었다. 수술 후 자신이 경험한 사건이나 만난 사람들, 새로운 사실 등을 학습하지 못했다. 그는 이제 더 이상 새로운 사건을 기억할 수 없게 되었다. 사람과

Interview #01

헨리 몰레이슨의 '사후 뇌 디지털 지도'

: 자코포 안네스 박사 (캘리포니아대학 샌디에이고캠퍼스 뇌 연구소)

▶ **헨리의 사례는 어떠한 의미가 있는가?**

▷ 두 가지 중요한 의미가 있다. 첫째. 일반적으로 간질치료를 위해서는 뇌 한쪽을 하는데 그의 뇌수술은 뇌 양쪽bilateral에서 행해졌다. 현재 우리는 해마제거수술이 기억에 어떠한 영향을 미치는지 알기 때문에 외과의들은 보통 한쪽 해마만 제거한다. 따라서 헨리의 사례가 보고된 이후 양쪽 해마제거수술은 다시 행해지지 않았다. 둘째 그는 50년간 계속 실험을 받아온 환자였고 항상 아주 기분이 좋았다. 그가 성격이 안 좋았거나 연구를 도와줄 의사가 없었다면 우리는 기억에 대해 잘 알 수 없었을 것이다. 따라서 헨리는 기억 연구에 있어서 아주 중요한 환자다.

▶ **그는 과거를 어떻게 기억할 수 있었나?**

▷ 그는 자서전적 기억을 가지고 있었다. 그의 장기기억은 측두엽 피질에 보존되었다고 추정된다. 예를 들어 그가 케네디 대통령 암살사건을 기억했다는 사실은 유명하다. 그 사건은 그가 수술한 이후인 1963년도에 일어났다. 아마도 그는 텔레비전을 시청하면서 자신이 접한 많은 것에 대해 친숙함을 느꼈을 것이라고 생각한다. 어쩌면 그것이 그 사건을 기억하게 된 이유가 됐을 것이다.

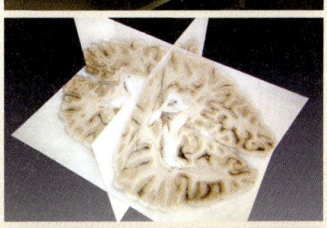

▲헨리 몰레이슨의 뇌 사진을 설명하고 있는 자코포 안네스 박사
▼헨리 몰레이슨의 실제 뇌 사진과 생전 모습

▶ 그의 뇌 해부 상태는 어떠했는가?

▷ 뇌실은 확장되어 있었지만 피질이 위축되어 있지는 않았다. 일반적으로 대뇌 피질은 나이가 들수록, 특히 알츠하이머 병에 걸리면 얇아지는 경향이 있다. 몇 가지 과정이 발생하고 뉴런neuron을 잃게 되기 때문이다. 부검 당일에 확연히 알 수 있었던 점은 그의 뇌에서는 그런 일이 별로 없었다는 것이다. 우리는 알츠하이머의 병리pathology를 살펴보기 위해 예비 조사를 했는데, 알츠하이머 병변과 반점plaques이 약간 있기는 했지만, 알츠하이머 병이 진행될 때 예상할 수 있는 수준으로 분포되어 있지는 않다는 걸 알 수 있었다. 그것이 흥미로운 이유는 일반적으로 알츠하이머 병의 진행은 해마 부위에서 시작되기 때문이다. 따라서 아주 젊을 때 뇌의 그 부위가 제거되면서 노화의 패턴이 완전히 바뀌었을 수도 있다.

대화를 해도 그 순간만 제대로 대응할 뿐 이후에는 대화를 나눈 사실조차 기억하지 못했다. 그러나 그는 추론, 문제해결, 대상 인식, 수의적 운동, 반사행동 및 언어능력은 잃지 않았다. 그는 머물고 있는 요양원에서 어릴 적 몸에 익혔던 예의범절대로 생활하는 등 수술 이전에 있었던 사건이나 학습에 대해서는 기억을 잃지 않았다.

그를 통해 알게 된 또 하나의 사실은 해마는 기억의 최종 저장고가 아니라는 것이다. 기억은 오감을 통해 받은 외부의 자극이 해마를 통해 전기신호로 바뀌어 대뇌피질에 저장된다는 것이다. 즉 해마는 외부로부터 받은 신호를 정리하고 일시적으로 기억을 저장하는 작용을 담당하는데, 그 저장기간은 1개월에서 몇 개월 정도밖에 안 된다는 것이다. 해마는 모든 기억을 일시적으로 저장할 뿐, 그 다음 기억은 측두엽을 포함한 대뇌피질로 옮겨간다.

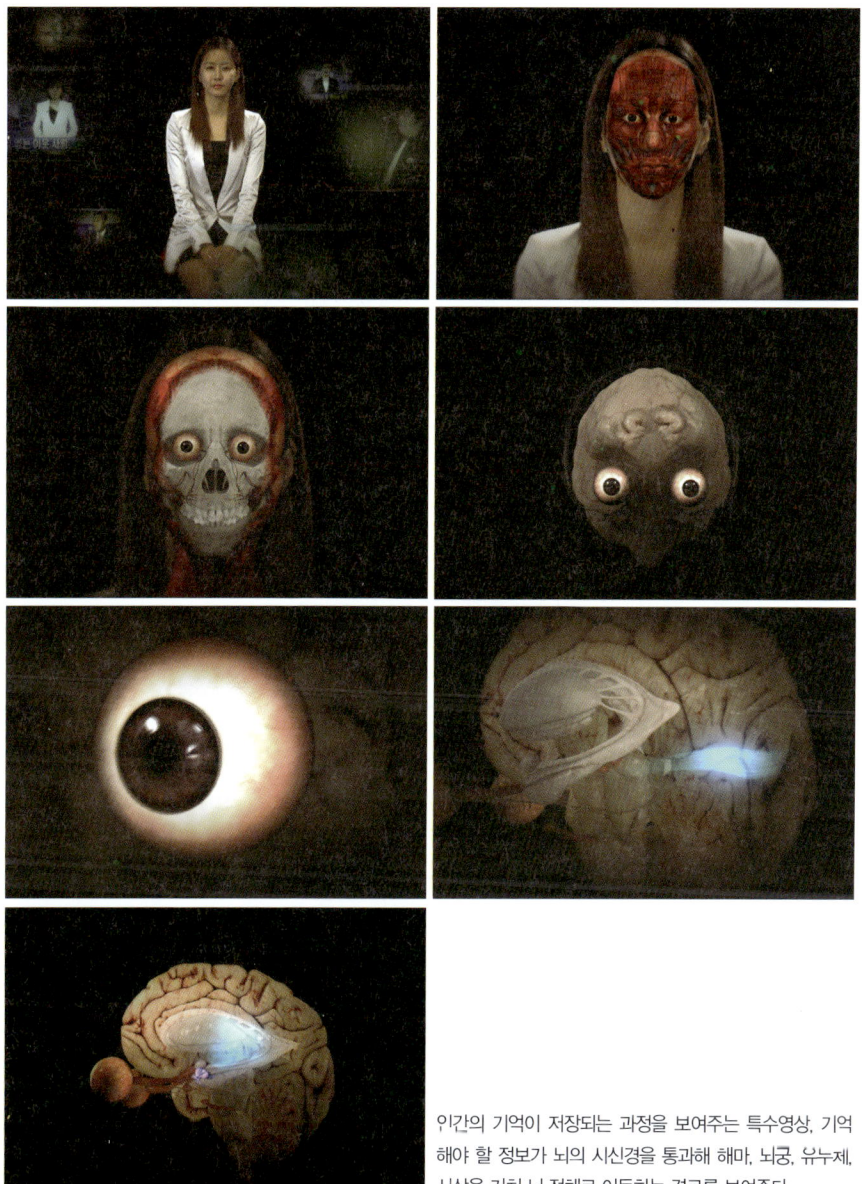

인간의 기억이 저장되는 과정을 보여주는 특수영상. 기억해야 할 정보가 뇌의 시신경을 통과해 해마, 뇌궁, 유두체, 시상을 거쳐 뇌 전체로 이동하는 경로를 보여준다.

신경전달물질이 나오고 있는 뉴런의 축삭.

▶▶▶ 기억은 어떻게 저장되나

신학자 마틴 부버Martin Buber는 "기억한다는 것은 산다는 것To remember is to live"이라고 말했다. 그만큼 사람의 일생에서 기억이 차지

> **tip**
>
> **LTP: Long Term Potentiation, 장기 증강**
> 특정 패턴의 시냅스 입력에 의해 시냅스 전달이 장기적으로 증강되는 것을 '장기증강'이라고 말한다. 외부로부터 강한 자극이 짧은 시간에 반복해서 들어오면 축삭의 끝에서 일종의 화학물질인 신경전달물질이 발생하면서 수상돌기 쪽으로 흘러간다. 이후 수상돌기 한 부분의 AMPA 수용체로 대량의 나트륨이온이 전해진다. 이때 NMDA 수용체는 마그네슘이온으로 막혀 있다. 그러나 AMPA 수용체에 나트륨이 지속적으로 투입되면서 마그네슘이온 마개를 열리게 하고, 이 통로를 통해 나트륨이온과 칼슘이온이 유입된다. 이러한 작용을 거쳐 수용체의 수와 나트륨이온의 수가 증가하게 됨으로써 뉴런의 정보 전달 효율성이 극대화된다. 결국 LTP 현상이 일어나는데 단시간에 사라지는 LTP를 E-LTP라고 하고 이것은 단기 기억과 밀접한 연관이 있다.

하는 비중은 막중하다. 기억은 인간이 경험한 외부의 자극을 특정 형태로 뇌세포에 저장했다가 나중에 그 정보를 다시 상기하는 작용이다. 그렇다면 기억은 어떻게 뇌세포에 저장되는 것일까?

뉴런neuron은 신경계를 이루는 기본 세포 단위이다. 신경 세포와 여기서 나오는 돌기를 합친 것으로, 자극을 수용하고 전달하는 기능을 한다. 뉴런은 신경 세포체와 신경돌기(신호를 전달하는 축삭돌기와 신호를 받아들이는 수상돌기)로 구성되어 있다. 외부자극으로 발생된 전기신호는 뉴런의 축삭돌기를 거쳐 축삭의 끝에 닿게 된다. 축삭돌기와 수상돌기 사이에는 신경접합부인 시냅스synapse가 존재한다. 이음 틈새라 할 수 있는 시냅스의 간격을 뛰어넘기 위해 화학적인 신경전달물질이 분비된다. 시냅스를 뛰어넘은 전기신호는 다음 뉴런의 신경 세포체에 전달된다. 시냅스를 건너온 신호가 많으면 많을수록 뉴런은 더욱 활발히 작동한다. 뉴런의 신호가 빈번해지고 시냅스가 계속 연결되면 신경 회로가 형성된다. 즉 뉴런의 신호 전달을 효율화하는 메커니즘이 형성되는 것이다. 해마가 기억을 저장하는 현상인 단기 E-LTP Long Term Potentiation와 장기 L-LTP가 있다. 해마에서 저장된 기억들은 대뇌피질로 최종적으로 옮겨진다. 대뇌피질의 신경 회로에 신호가 전달되면 기억이 재생된다.

▶▶▶ 변연계의 가장 중요한 중추, 해마

지제근 명예교수(서울대학교 의대 병리학과)는 인간의 뇌는 1,300그램 정도로 체중의 2퍼센트에 불과하지만, 전체 혈액과 산소의 1/5

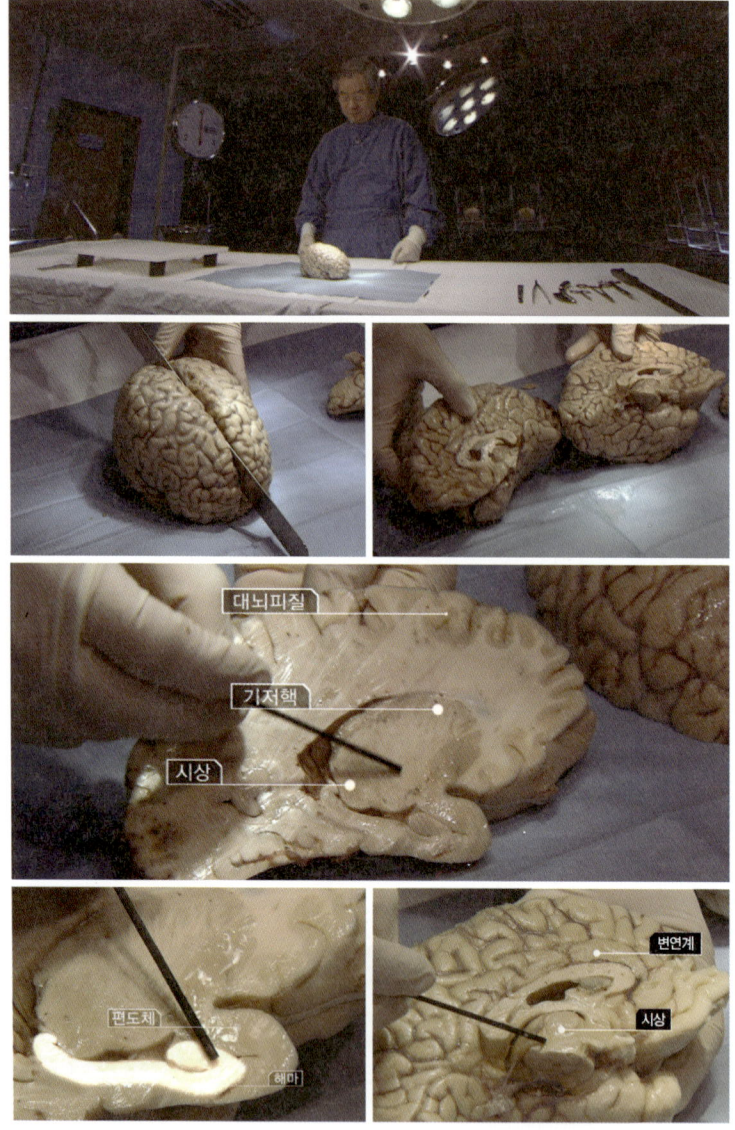

해부에 앞서 묵념으로 예를 갖추는 지제근 교수. 실제 뇌의 단면을 통해 대뇌피질과 기저핵, 시상, 편도체, 해마의 위치와 모양을 정확히 볼 수 있다.

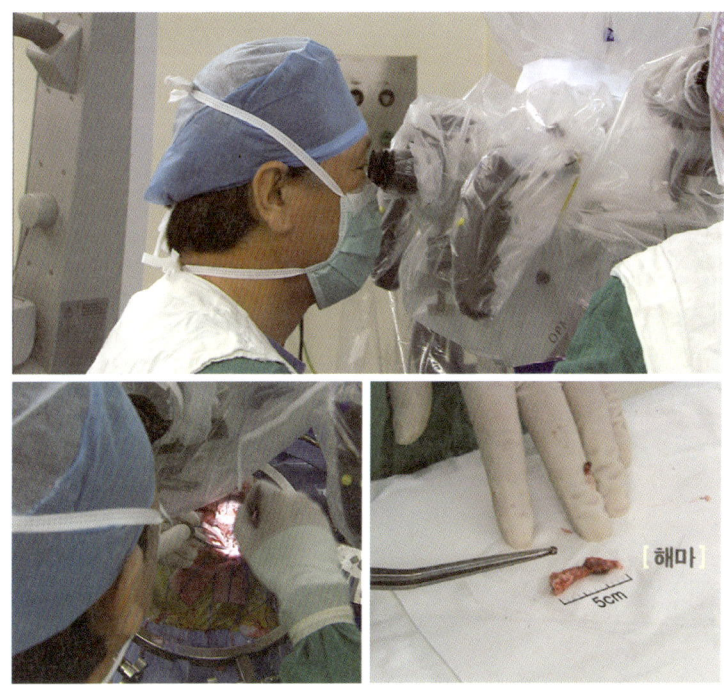

측두엽간질로 해마 제거 수술을 시행하는 이정교 교수. 해마의 길이는 5센티미터 정도로 작다.

을 사용하며, 나이가 들수록 뇌는 점점 작아지고, 치매와 같은 병에 걸리면 부피가 줄어든다고 말한다.

우뇌와 좌뇌 사이 안쪽에 기억과 감정을 다스리는 변연계가 위치한다. 이는 시상과 대뇌반구를 연결해 주는 중간 역할인데, 변연계의 가장 중요한 중추는 해마이다.

이정교 교수(아산병원 신경외과)는 측두엽간질 환자들은 대개 한쪽 해마를 제거하는 수술을 받게 되는데, 한쪽 해마가 정상이면 기억에 큰 지장은 없다고 말한다. 해마의 길이는 어른 손가락 두 마디 정도로 5센티미터 정도이고, 이 작은 곳에서 기억이 만들어진다.

해마에서 만들어진 기억은 신경섬유를 타고 대뇌피질로 간다. 쉴 새 없이 정보가 쏟아지는 가운데 인간은 감각기관을 통해 외부의 자극을 받아들인다. 기저핵basal ganglia과 시상thalamus 사이에 정보를 받아들여 기억을 만들고 저장하는 멀티시스템이 존재한다.

기억을 저장하는 작업은 뇌의 한 곳에서 하는 일은 아니다. 예컨대 시신경을 타고 온 시각정보는 뇌 뒤쪽 시각영역에서 1차 처리를 한 후 해마로 전달되어 단기 기억을 만든다. 이것은 뇌궁fornix과 유두체mammillary body 그리고 시상을 거쳐 뇌 전체로 퍼지게 되고 장기 기억으로 바뀌게 된다. 이 중 한 과정에서 문제가 생기면 기억 과정에 문제가 생기고, 기억에 장애가 생긴다.

▶▶▶ **기억을 잃은 사람들**

'모든 것을 잊은 남자'라는 제목으로 기억상실증에 걸린 한 남자의 기구한 사연이 미국 ABC 방송 프로그램에 소개된 적이 있다. 미

> **tip**
> **'해마'라는 이름의 유래**
> 해마라는 이름의 어원에 대해서 여러 가지 설이 있는데, 그리스신화에 나오는 상상의 동물 '해마'에서 유래했다는 설이 있다. 또한 고대 이집트 신인 암몬의 뿔과 닮았다고 해서 '암몬각'이라고도 한다. 해마는 대뇌변연계의 양쪽 측두엽에 존재하며 기억을 담당한다. 해마는 1cm 정도의 지름에 5cm 정도의 길이이며 수많은 뉴런으로 구성되어 있다.

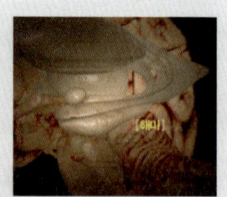

국 피닉스에 사는 스캇 볼잰(48세) 씨가 이 사연의 주인공이다. 사고가 나기 전 그는 자가용 비행기 회사의 CEO였다. 2년 전 어느 날 그는 회사 화장실에서 미끄러져 뒷머리를 바닥에 부딪쳤고, 그 이후 예전의 기억을 모두 잊어버렸다. 친척과 자식들은 물론 25년 넘게 살아온 아내마저도 이제는 낯선 타인일 뿐이다. "마치 누군가 내 인생이라는 컴퓨터의 삭제 키를 눌러 기억의 메모리가 통째로 날아간 것 같다"는 그의 말처럼 46년 인생이 통째로 날아가 버렸다.

기억상실증amnesia은 사고에 의한 두부외상, 정신질환, 히스테리 증상 등으로 인한 의식장애 뒤에 발생하는 경우가 많다. 현 시점으로부터 과거의 일정 기간이나 특정한 사실의 기억이 재생되지 않는 상태다. 기억상실은 기억 자체가 아예 불가능한 '총체적 기억상실'과 기억상실이 부분적일 때 나타나는 '부분적 기억상실'로 구분된다. 부분적 기억상실은 과거 시기의 기억을 잃어버리는 장기 기억상실과 불과 몇 초나 몇 분 전에 일어났던 일을 기억하지 못하는 단기 기억상실로 나뉜다. 또한 영화 〈메멘토〉의 주인공처럼 새로운 일을 기억 못하는 '전향 기억상실anterograde amnesia'과 드라마 〈겨울연가〉의 주인공처럼 과거의 일을 기억 못하는 '후향 기억상실retrograde amnesia'이 있다.

후향 기억상실인 스캇 볼잰은 가족들도 알아보지 못할 만큼 모든 것이 낯설었고, 처음 바깥세상을 경험하는 아이처럼 모든 것이 새로웠다.

그는 야자수, 공기 그리고 ATM(은행업무자동학기기)이 무엇인지도 몰랐다. 그에게 모든 일들은 급작스럽게 다가왔다. 그것은 공포스러

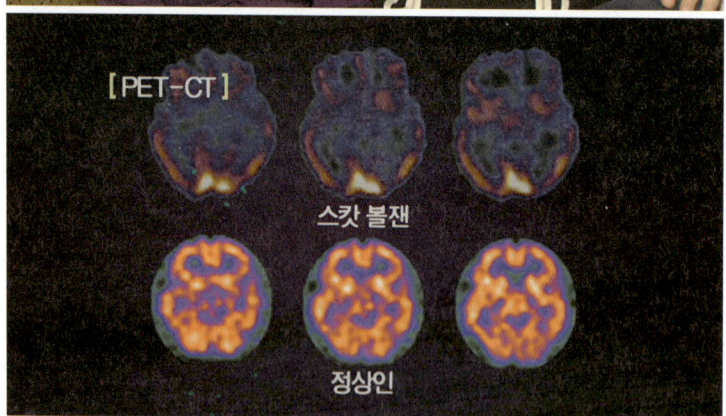

1 후향성 기억상실로 46년 인생의 기억을 통째로 잊어버린 스캇 볼잰 씨.
2 소중한 가족과의 추억을 되찾고 싶다고 말하는 스캇 볼잰과 그의 아내.
3 혈액이 공급되지 않아 신경섬유가 손상된 스캇 볼잰의 뇌 사진.

움을 넘어 그의 삶을 압도적으로 삼켜버렸다. 그의 해마를 찍은 양전자 단층촬영PET, positron emission tomography 결과는 뇌혈류가 정상인에 비해 전체적으로 파랬다. 혈액이 공급되지 않아 신경섬유가 손상된 것이다. 사고 이전의 기억들은 모두 사라졌지만 다행스럽게도 해마를 다치지 않아 사고 이후에 학습한 기억은 저장되었다. 취재진이 그를 만났을 때 그는 역대 대통령을 빠짐없이 기억해냈다. 그 이유는 사고 이후 많은 의사들이 현직 대통령이 누구냐고 여러 번 물었고, 그는 대통령이 아주 중요한 사람이라는 생각에 기억하려고 노력했다는 것이다. 그에게 바람이 있다면 사고 전에 누렸던 가족과의 감정적 연결을 찾는 것이다. 지식은 다시 배울 수 있지만 소중한 사람들과의 추억은 다시 배울 수 없기 때문이다.

돌아갈 수 없는 것에 대한 그리움, 그것을 사람들은 추억이라 부른다. 추억이 없는 그에게 아내에 대한 사랑도 낯설다. 하지만 이러한 비극을 통해 또다시 아내와 사랑에 빠지는 꿈도 꾸어 본다.

사랑했던 사람을 잃어버리는 일처럼 가슴 아픈 일이 또 있을까? 그의 아내는 추억을 혼자 지켜내기가 너무 힘들다고 말한다. 자신은 여전히 남편에게 똑같은 사랑을 느끼지만 남편은 자신을 낯설어하기 때문이다.

▶▶▶ 당신의 기억이 어느 날 사라진다면_ 초기의 혼란

57세의 미국 중년 남자 스캇 하드민 씨는 측두엽에 종양이 생겨 존스 홉킨스 병원에서 1차 제거 수술을 받았다. 이후 화학 치료와

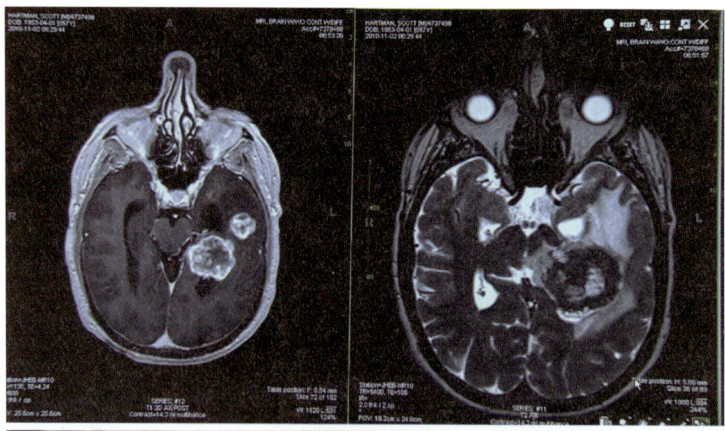

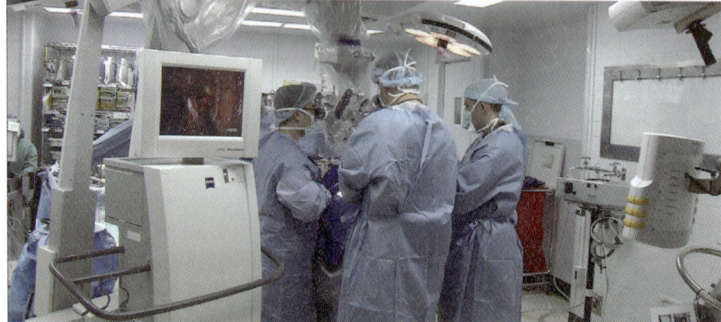

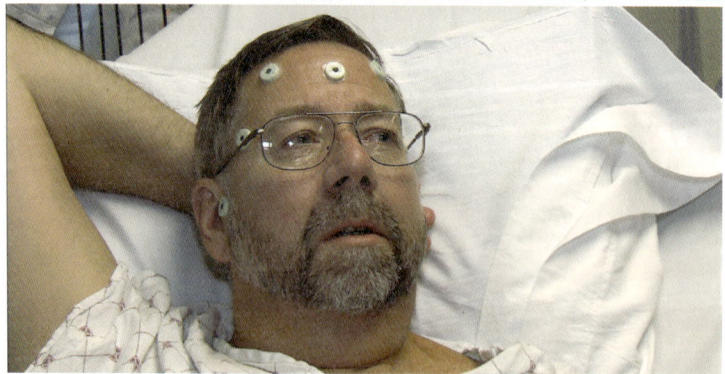

어느 날 갑자기 기억하는 데 문제가 생긴 스캇 하트만 씨. 그는 좌측 측두엽 해마 부분에 종양이 발견되어 제거 수술을 받았다.

방사선 치료를 받고 있다. 스캇 하트만 씨는 수술 3주 전부터 급격히 인지력이 감퇴되면서 말이 분명치 않고 어순도 틀리는 등 이상반응을 보이기 시작했다. 인터뷰 시 가족들의 이름과 인적사항에 대한 취재진의 물음에 가까스로 답을 해나갔다.

그는 2, 3주 전부터 체중이 급격히 줄더니 곧이어 시력까지 나빠졌다. 가족들이 그의 기억력에 문제가 생겼다고 처음 직감했던 사건은 그의 며느리가 새로 태어난 아기를 집에 데려왔을 때였다. 평소 아이들을 좋아해서 자주 안아주던 자상한 그가 아이를 어떻게 안아야 할지 몰라서 안절부절못했고, 아이도 덩달아 울음을 터뜨렸다.

그의 글씨체도 달라졌다. 발병 전에는 완벽한 글씨체였지만 지금은 들쑥날쑥해졌다. 그가 아들의 직업을 기억하지 못했을 때 가족들의 충격은 극에 달했다. 치료를 받기 시작하면서도 약을 스스로 챙길 수 없어 아내의 도움 없이는 규칙적인 생활이 불가능해졌다. 그러나 이전부터 그가 담당했던 세탁하기, 식기세척기 돌리기 등 익숙한 가정생활은 잘 해냈다. 수술 당일 그의 기억력에 어떠한 문제가 있는지 그 원인이 밝혀졌다. 종양의 대부분은 해마가 있는 측두엽에, 일부는 두정엽parietal lobe 쪽에 위치해 있었다. 종양은 뇌에 많은 부기를 유발하고 있었다. 이러한 부기 때문에 그의 기억, 특히 단기 기억에 문제가 발생한 것이다. 뿐만 아니라 그는 언어 능력에서도 어려움을 겪고 있었다. 말하기와 듣기를 담당하는 일부 부위가 영향을 받으면서 대화 중 혼란스러워하는 표정을 야기했다. 상대방이 무슨 말을 하는지 이해할 수 없기 때문이다.

기억은 불완전하다

▶▶▶ 기억의 재구성

우리는 개인의 관심에 따라 보고 기억하는 것이 얼마나 다른지를 알아보기 위해 대학생 20여 명을 모아놓고 칵테일 파티를 열어 실험을 했다.

대학생들이 화려한 조명 아래 춤을 추고 즐기는 가운데 갑자기 음악이 끊기고 한 남녀가 무대로 뛰어 들어와 키스를 하고 사라진다. 같은 공간, 같은 시간, 같은 장면 속에서 이러한 상황을 목격한 대학생 20여 명은 모두 같은 기억을 가지게 될까?

실험 결과는 매우 흥미로웠다. 어떤 이는 두 남녀가 입은 옷부터 헤어스타일, 그리고 남녀의 동선 및 허리를 약간 꺾은 키스의 각도까지 정확하게 기억해냈지만, 어떤 이는 완전히 왜곡해 전혀 다르게 기

[단기기억실험]

[단기기억실험]

> ···▶ 단기 기억 독자 참여 실험
>
> 단기기억실험을 진행한 대학생들처럼 독자 여러분도 실험에 참여해보세요. 두 번째 사진 속 남녀 키스 장면을 잘 기억한 후 다음 페이지에서 정답을 맞춰보세요.
>
> (정답은 56페이지에 있습니다.)

같은 조건이 주어진 실험에서도 학생들이 기억하는 것은 서로 달랐다. 남녀 키스 장면뿐 아니라 심지어 남녀의 옷차림, 헤어스타일에 대한 기억도 달랐다.

억했다. 똑같은 환경에서 인간은 왜 다른 기억을 갖게 되는 걸까? 여기에 인간의 기억 중 가장 특별한 비밀이 숨겨져 있다.

보통 우리는 주변에서 수많은 소리가 들려도 자신의 이름처럼 본인과 관련되었거나 관심 있는 소리에만 귀를 기울이게 된다. 이와 같이 특정 소리에 반응하는 현상을 '칵테일 파티 현상'이라고 한다.

이번 실험에서도 이와 같은 현상이 확인됐다. 파티 참가자 중 한

김민식 교수는 인간은 관심사나 경험에 따라 일부 정보만을 선택해서 기억한다고 말한다.

여성이 다른 사람의 이름을 부르는 소리에는 전혀 반응을 보이지 않다가 다시 자신의 이름이 불리는 것을 듣자마자 바로 반응을 나타냈다.

  사람들은 각자의 경험과 관심에 따라 눈과 귀로 들어오는 정보를 걸러낸다. 그래서 같은 곳에 있어도 각자 보는 것과 기억하는 것이 다를 수밖에 없다. 연세대학교 심리학과 김민식 교수는 "우리는 외부로부터 들어오는 모든 정보를 그대로 기억하는 것이 아니라 일부 정보만을 선택해서 저장한다"고 말한다. 그렇기 때문에 같은 것을 보더라도 기억하게 되는 것은 선택하는 차이에 따라 달라진다. 관심사나 경험이 다르기 때문에 어떤 정보를 선택하느냐도 매우 다양하다. 이런 점이 인간의 기억 중 가장 독특한 점이기도 하다.

  미국 조지워싱턴대학교 리처드 레스탁Richard Restak 교수의 말처럼 인간의 기억력은 기계에 집어넣으면 똑같이 재생되는 DVD와는 다르다. 우리의 기억은 기억을 꺼낼 때마다 계속 바뀐다. 기억은 나만의 경험과 지식을 가지고 세상을 매번 다르게 해석할 뿐이다. 그 점이 우리를 타인과 구별되는 유일한 존재로 만들어준다.

→ [단기기억실험 정답은 3번]

▶▶▶ **신경세포가 대화하는 법**

해마는 뇌에서 신경세포 회로가 가장 복잡한 곳이다. 사실 신경세포 하나하나는 똑똑하지 않다. 단역 배우처럼 자신의 정보를 처리

> **tip**
>
> **기억을 믿지 마라 _ 변화맹과 선택맹**
>
> 변화맹Change blindness이란 주변의 환경변화를 인식하지 못하는 상태를 지칭한다. 이와 관련해서 심리학자 대니얼 레빈Daniel Levin과 대니얼 사이먼스Daniel Simons교수의 연구 결과가 주목 받고 있다. 변화 탐지를 성공적으로 수행하는 것은 본래의 사물이나 사람의 변화를 구분시켜주는 상세한 특징들을 구조적으로 부호화할 때 발생하게 된다. 이와 관련해 미국 일리노이대학교에서 다음과 같은 실험을 진행했다. 실험자가 낯선 사람이 되어 피실험자에게 길을 물었고, 그 둘 사이를 나무판 든 사람이 지나가게 했다. 그 시간 동안 다른 실험자로 교체했지만, 피실험자의 절반 이상이 실험자가 바뀌었다는 사실을 알아채지 못했다.
>
> 선택맹Choice blindness이란 자신이 선택한 대로 결과를 얻지 못해도 이를 인식하지 못하는 상태를 뜻한다. 스웨덴 룬트대학교에서 이와 관련한 실험을 실시했다. 120명의 피실험자들을 대상으로 두 장의 사진을 보여주며 둘 중 매력 있다고 느끼는 사진을 선택하도록 했다. 그러나 같은 실험을 반복해서 그 전에 선택한 사진을 주어도 자신이 선택한 것임을 알아차린 피실험자는 10퍼센트도 안 되었다. 예를 들어 본인 스스로 바나나를 주문했음에도 일정 시간이 흐른 뒤에 바나나가 아닌 사과를 주어도 이 점을 지적하지 않았던 것이다.

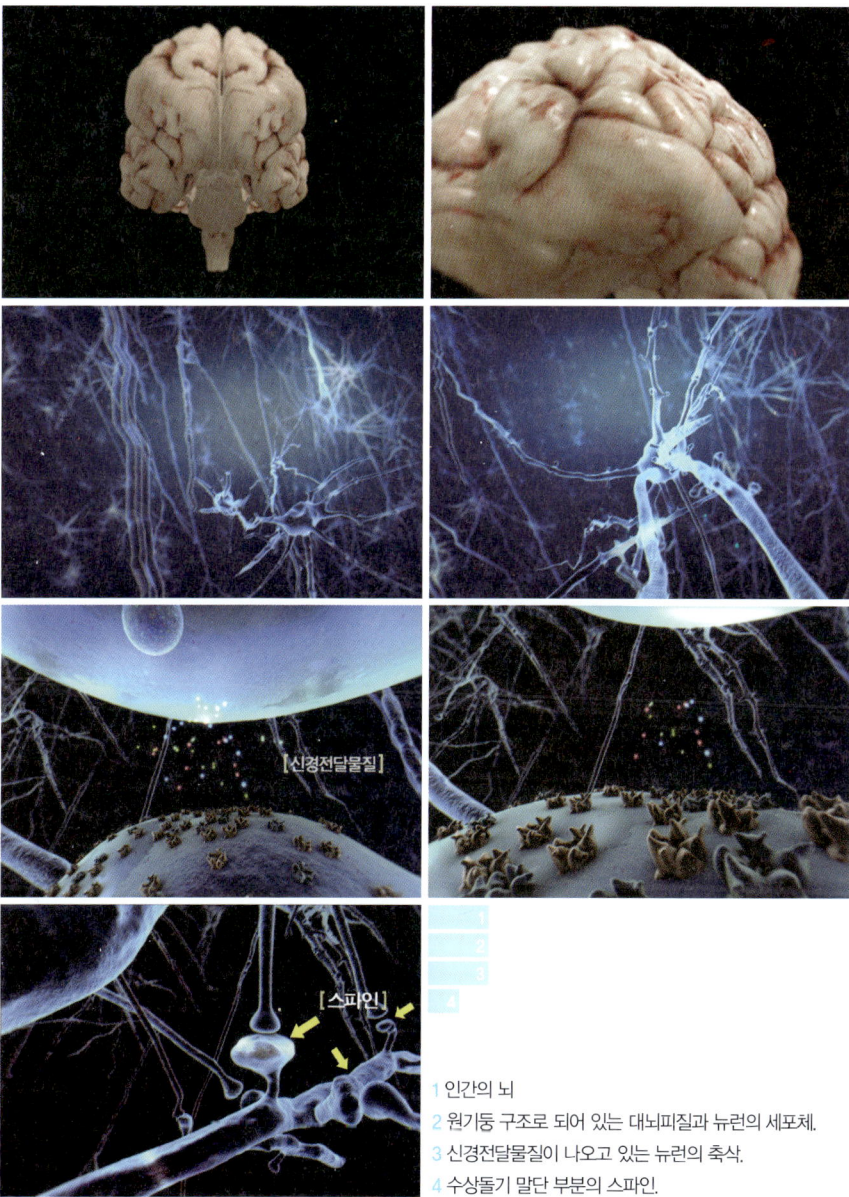

[신경전달물질]

[스파인]

1 인간의 뇌
2 원기둥 구조로 되어 있는 대뇌피질과 뉴런의 세포체.
3 신경전달물질이 나오고 있는 뉴런의 축삭.
4 수상돌기 말단 부분의 스파인.

할 뿐이다. 그러나 좁은 공간 안에 수천억 개가 모여서 서로 대화를 주고받게 되면 얘기가 달라진다. 그렇다면 신경세포는 어떻게 대화하는 것일까?

먼저 대뇌피질은 원기둥의 구조로 되어 있다. 그 안에 들어가면 뉴런의 세포체$^{cell\ body}$가 나온다. 외부의 자극에 의해 세포핵에 전달된 정보를 다음 신경세포로 전달해야 하는데, 이때 각 신경세포에 하나씩 있는 축삭^{axon}은 정보의 고속도로이다. 전기 신호로 축삭을 통해 시냅스로 온 정보는 화학 신호인 신경전달물질^{dopamine}로 바뀌어 수상돌기^{dendrite}로 전해진다. 축삭의 신경말단과 수상돌기는 서로 이어져 있지 않고 단절되어 있기 때문이다. 이 단절된 공간을 시냅스^{synapse}라고 한다. 정보를 많이 주고받은 수상돌기 말단은 머리 부분이 버섯처럼 부풀어 오른다. 오톨도톨 가시처럼 보인다고 해서 이곳을 스파인^{spine}이라고 부른다.

최근 일본 자연과학연구기구 생리학연구소의 가사이 하루오 교수는 생쥐의 해마에 있는 뉴런을 조사해 스파인의 크기가 몇 분 단위로 활발히 변하고 있음을 관찰했다. 나아가 강한 자극을 받은 수상돌기일수록 스파인이 크게 부풀고 그에 따라 신호도 전달되기 쉬워진다는 사실도 알아냈다. 즉 몸의 감각기관을 통해 들어온 정보는 부풀어 오른 다양한 스파인에 의해 기억으로 저장된다고 보고 있다. 또한 최근 뇌 과학자들은 스파인이 부풀어 오르는 과정을 기억이 저장되는 것으로 보고 있다.

▶▶▶ 시냅스와 학습 능력의 상관관계

시냅스는 뇌세포 간의 연결을 이행하는 다리 역할을 한다. 시냅스는 세포 축삭돌기의 끝과 수상돌기를 연결하는 부위를 지칭한다. 시냅스를 통한 뉴런의 연결로 인해 우리의 뇌는 유기적 기능을 유지한다.

뉴런은 크게 수상돌기, 세포체, 축삭돌기 3개의 부분으로 구분된다. 수상돌기는 정보의 입력 기능을 담당하고, 세포체는 입력된 정보를 처리한다. 또한 축삭돌기는 상황에 맞는 정보를 출력하는 역할을 한다. 뉴런은 수많은 수상돌기를 통해 수만 개의 정보를 받아들인다. 이러한 수많은 정보가 세포체에서 처리되어 출력된다.

정보의 전달은 뉴런의 활발한 활동으로 이루어지는데, 축삭을 타고 내려온 전기신호가 축삭돌기에 도달하면 화학적인 정보가 시냅스 사이를 건너간다. 이러한 정보는 수상돌기를 따라 다시 세포의 축삭돌기로 전해져 정보를 전달하고 최종 처리한다.

많은 사람들이 이와 같은 현상을 마치 인터넷 망을 통해 전 세계가

> **tip**
>
> **시냅스**
>
> 시냅스란 한 뉴런에서 다른 세포로 신호를 전달하는 연결 지점을 지칭한다. 이는 뉴런이 작동하는데 있어 중요한 역할을 한다. 뉴런이 신호를 각각의 해당 세포로 전달하는 역할을 한다면, 시냅스는 뉴런이 그러한 역할을 할 수 있도록 도와준다. 시냅스는 신호를 전달하는 방식에 따라 화학적 시냅스와 전기적 시냅스 두 종류로 구분한다. 화학적 시냅스는 일송의 화학 물질을 분비하여 뉴런 세포막의 수용체와 결합하는 방식이며, 전기적 시냅스는 뉴런의 세포막이 전류를 통과시킴으로써 신호가 전달되는 방식을 가리킨다.

연결되는 상황과 비교하여 설명한다. 이와 같은 이유로 시냅스가 어떠한 형태로 만들어지고 연결되어지느냐에 따라서 한 인간의 품성과 지능이 달라질 수 있다는 유추가 가능하다.

시냅스는 인간의 학습 활동에 지대한 역할을 한다. 뇌 안에 있는 수십 조의 시냅스는 훈련된 정보 습득, 정보 출력을 통해 상황에 맞는 학습 활동을 하며 이를 통한 문제 해결 능력을 결정한다. 시냅스가 어떻게 작용하느냐에 따라 학습 능력이 좌우된다고 말할 수 있다. 그러므로 시냅스를 통과하는 신경전달물질이 어떻게 분비되고 움직이느냐에 따라 인간의 학습과 기억능력 등에 영향을 끼친다.

인간은 태어나면서부터 성인에게서 나타나는 뇌의 기능을 갖추어 태어나지 않는다. 뇌세포 수는 갓난아기가 성인보다 많지만 대뇌피질에 있는 뇌세포 간의 연결고리는 완벽하지도 치밀하지도 않다. 이는 불완전한 상태를 의미하면서도 인간 발달에 따라 뇌의 기능과 구조가 상황에 맞게 변화, 발전할 수 있다는 것을 의미하기도 한다.

성장하면서 인간의 뇌는 생존과 필요에 따라 상황에 맞게 진화, 발전해 나간다.

▶▶▶ 연결보다 중요한 시냅스의 가지치기

뇌 신경세포는 수정 이후 3주가 지나면 1분에 50만 개, 하루에 7억2천만 개씩 만들어진다. 수정 뒤 4개월 반이 지나면 약 1천억 개의 신경세포가 형성된다. 하지만 이 신경세포는 자기 혼자서는 아무런 일도 해낼 수 없다. 각각의 신경세포는 서로 연결되어 네트워크를

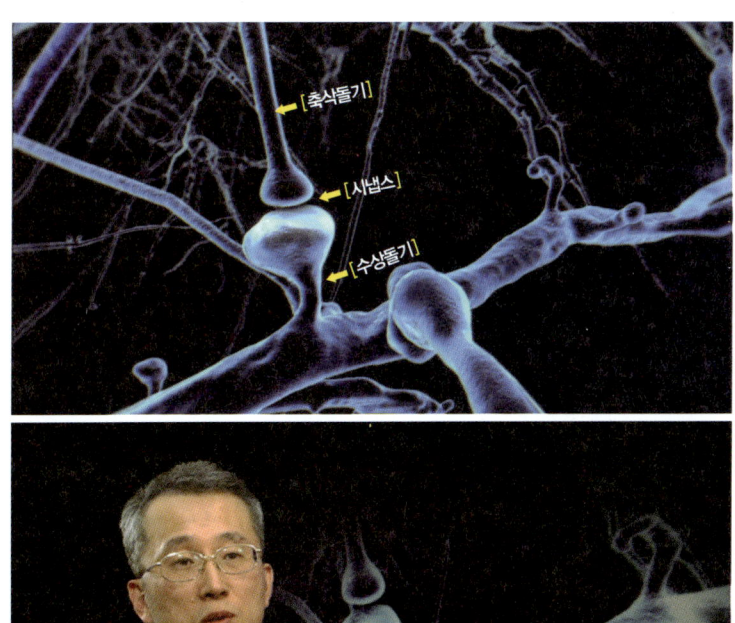

1 뇌세포 축삭돌기의 끝과 수상돌기를 연결하는 부위를 시냅스라고 한다.
2 시냅스와 스파인에 대해 설명하는 카이스트 김은준 교수.

형성해야 정보를 저장하고 재생할 수 있는 것이다.

이때 신경세포는 각각의 세포가 최대 약 1만 개의 가지를 뻗는다. 초당 1800만 개라는 놀라운 속도로 서로 연결된다. 이렇게 형성된 신경세포의 연결된 가지 수는 1000조 개에 밀힌다. 예를 들어 개인용 컴퓨터가 1천조 개나 연결되어 있다고 생각해 보자. 엄청난 일을

인간의 성장에 따라 대뇌피질에 생성된 1천억 개 정도의 뉴런이 수천 개의 시냅스 연결을 만들어내기 때문에 수천 조에 달하는 연결망이 형성된다. 마치 뉴런의 숲이 형성되는 것과 같다.

벽초지수목원에서 촬영한 인간 성장에 따른 뉴런의 변화 특수 영상.

할 수가 있을 것이다.

생후 8개월 무렵은 '뇌의 빅뱅기'라 말할 정도로 아기 뇌에 있어서 결정적인 시기다. 이때부터 12개월까지 아기의 뇌는 시냅스의 다발로 밀도 높게 들어찬다. 첨단 과학 장비로 촬영된 아기 뇌의 영상을 보면 '밝게 빛나는 노란색의 실타래처럼 얽혀 있는 모습'이다. 과학자들이 이 시기의 아기 뇌를 '황금의 정글'이라고 부르는 이유가 여기에 있다.

태아 수정 뒤 26주부터 형성되는 정보전달의 핵심 부분인 시냅스는 처음은 서서히 그 숫자를 늘린다. 그러다가 출생 후 2개월이 지나면서부터는 가장 많은 시냅스가 만들어진다. 생후 8개월에서 10개월 사이에 최고 정점에 도달하는 시냅스는 12개월 이후부터는 급격하게 줄어들면서 약 12세까지 이러한 양상을 계속 유지한다. 왜 인간의 뇌 신경세포에서는 시냅스의 급격한 증가와 감소 현상이 일어나는 걸까?

신경세포가 시냅스에 의해서 계속 연결되면 신경 회로가 만들어진다. 이때 신경세포와 다른 신경세포간의 정보를 전달, 연결해 주는 역할을 시냅스가 담당한다.

출생 후 시냅스의 급격한 증가가 이루어지는 데에는 뇌 신경세포가 새로운 정보를 많이 받아들이고 처리하고 있기 때문이다. 이 시기의 아기의 뇌에 받아들여진 정보와 외부 자극에 의해서 인간의 뇌는 한평생 살아갈 밑천을 마련하게 된다. 일단 뇌의 양식이 결정되게 되면 아기의 뇌는 시냅스를 급격히 감소시키게 된다. 즉 뇌는 효율화

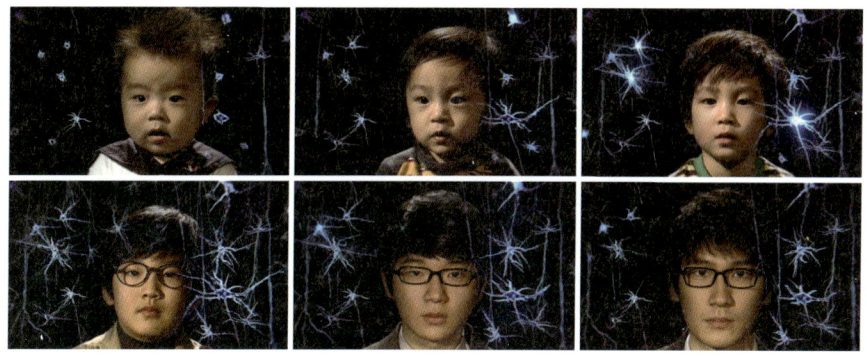

아이가 보고 듣고 느끼는 것은 뉴런의 스파인에 저장되어 아이의 기억과 무의식이 된다. 이 무의식은 어렸을 때 형성된 것이어서 기억할 수는 없지만 평생에 걸쳐 영향을 준다.

전략을 취하게 된다. 한마디로 말하면 남길 것은 남기고, 버릴 것은 버리게 된다는 얘기다.

인간의 뇌가 평생 쓰게 될 신경 회로는 인간의 뇌에 있어서 결정적 시기라 할 수 있는 생후 8개월에서 36개월 사이에 완성된다고 한다. 생후 12개월 무렵 약 1000조 개에 이르는 시냅스는 그 이후, 하루에 200억 개씩 썰물처럼 없어진다. 아기의 뇌가 이런 메커니즘을 띠는 이유는 바로 쓸모없어진 시냅스를 스스로 소멸시키기 때문이다. 아기의 뇌는 외부자극이나 경험을 못 받게 되면 시냅스를 연결하지 않게 된다. 신경 회로의 형성이 이뤄지지 않게 되는 것이다.

이 시기에 아기의 뇌가 경험하지 않은 신호를 전달하기 위해 어른의 2~3배에 달하는 시냅스를 모두 유지해야 하는 일은 무척 부담스러운 일이다. 따라서 경험한 자극을 중심으로 시냅스를 유지하고, 그렇지 못한 시냅스는 소멸시키는 효율적인 전략을 취하게 된다. 다

❶ 임신 7개월~ 생후 2개월	시각피질의 시냅스 연결 수 증가
❷ 생후 2개월~생후 4개월	연결 수 10배 증가 (아기 시력이 갑자기 좋아지는 시기)
❸ 생후 8개월~3세	시냅스 밀도 최고치에 달한다. (성인의 약 2배)
❹ 10세 때까지	뇌세포 신진대사 성인 두 배 수준 유지. 시냅스 밀도 줄어든다.
❺ 만 16세 무렵까지	연결 수가 급격히 줄어든다.
❻ 20대 중반부터 60대	시냅스 연결 수가 약간씩 떨어지면서 일정 정도 유지된다.
❼ 60대 이후	꾸준히 줄어든다.

신경, 시냅스의 과잉생산(neuronal or synaptic overproduction)
피터 허텐로커 교수(미국 시카고 대학 신경심리학)

시 정리해 보면 이렇다. 아기의 뇌는 생후 모든 가능성에 대비해 8개월~12개월 사이에 최대한 시냅스를 많이 만들어 놓는다. 외부의 모든 자극과 경험을 받아들일 준비를 하는 셈이다. 뇌의 구조가 어떤 식으로 성장하게 될지 미리 재단하지 않고, 모든 가능성을 열어두는 것이다.

그러나 이후에는 경험한 자극과 신호를 중심으로 시냅스의 밀도를 조정하게 된다. 자기 자신에 맞는 뇌의 구조를 형성해 나가는 것이다. 즉 인간은 대체로 생후 36개월까지 최대한 많은 일들을 경험해 자신이 평생 살아갈 자산과 밑천을 마련한 다음, 불필요한 시냅스에 대해서는 가지치기를 해버린다. 효율적인 삶을 위한 '아기 뇌의 가혹한 전략'이라 할 수 있다.

물론 인간의 뇌는 평생에 걸쳐서 시냅스의 가지 뻗기와 가지치기가 이루어진다. "인간의 뇌는 하늘보다 넓다"라고 말하는 이유다. 하지만 성인의 뇌는 영유아기 시기 아기 뇌의 시냅스 가지 뻗기와 가지치기와 비교가 안 된다.

미국 시카고대 리즈 엘리엇^{Lise Eliot} 교수는 "아이들이 겪는 경험은 운명적, 영구적으로 아이들의 지적 능력에 영향을 준다"라고 영유아기 시기의 중요성을 강조한다. 영유아기 아기에게 어떤 자극을 주고, 어떤 경험을 하게 하는지에 따라서 아기의 미래의 삶이 달라질 수 있다는 말이다.

뇌와 관련해서 중요한 개념이 '뇌의 가소성^{可塑性, plasticity}'이다. 대체로 만 3세 전후로 아기의 뇌 구조는 결정되지만, 인간의 뇌는 이후에도 사용 여부에 따라서 얼마든지 달라진다는 얘기다. 우리가 처음 가보는 길은 잘 몰라서 헤매지만 여러 번 가봐서 일단 익숙해지면 그 이후에는 그 길을 잘 찾아가게 되는 원리와 같다. 이는 뉴런이 시냅스에 의해서 연결되는 것처럼 수차례 반복해 시냅스가 연결되면 신경 회로를 형성하는 것과 같은 이치다.

택시 기사를 처음 하면 오히려 손님에게 길을 알려달라고 하지만 익숙해지면 자신이 알아서 길을 척척 찾아가게 된다. 나이가 들어서도 뇌는 새로운 외부자극과 경험을 접하게 되고, 그것을 반복해서 숙달하게 되면 시냅스가 연결된다. 뇌의 가소성은 인간 뇌의 가능성을 증명하는 것이다.

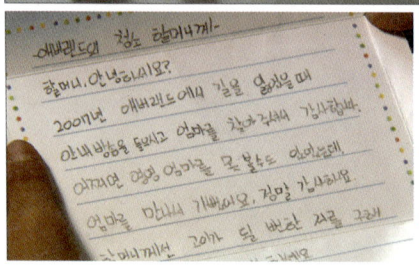

1 놀이공원에서 허위 기억 이식실험에 참여한 엄마(허춘화)와 정시연 어린이.
2 허위 기억에 의해 시연이가 청소부 할머니에게 쓴 감사 편지.

▶▶▶ 허위 기억

1932년 영국 캠브리지대학교의 심리학자 바틀렛^{Bartlett}은 '유령들의 전쟁'이란 오래된 인디언 전설을 학생들에게 들려주고 시간이 흐른 뒤 학생들이 이 이야기를 어떻게 다시 '재구성'하는가를 기록했다. 조사 결과 처음 들었던 이야기와 판이하게 다른 이야기로 기억하는 이들이 많았다. 사람의 기억은 완벽하지 못하다는 것을 보여주는 사례다.

대부분의 사람들은 최초에 입력했던 내용을 그대로 복사해 내는 것이 아니라, 기존 지식이나 경험, 신념 또는 다른 선입견에 의해 재구성한다는 것이다. 이렇듯 전혀 없었던 기억을 심을 수 있다는 것을 아는가?

우리는 놀이공원에서 길 잃기 실험을 통해 이것을 증명해냈다. 시연이(MBC '환상의 짝꿍'의 귀선생 역)는 지금까지 놀이공원에서 길을 잃어버린 적이 없었다. 하지만 우리는 시연이 엄마의 도움을 받아 시연이에게 어릴 적 길을 잃은 허위 기억을 심어보기로 했다. 허위 기억을 심은 시연이는 어떻게 됐을까? 결과는 흥미로웠다. 처음에는 그런 기억이 없다고 완강하게 부인하던 시연이가 5시간 정도 이후부터 이상한 이야기를 시작했기 때문이다.

시연이는 자기가 길을 잃어버렸던 상황의 느낌에 엄마가 하지 않은 이야기까지 더해서 선명한 허위 기억을 만들어냈다. 시간이 흐른 후 허위 기억을 심어놓은 시연이의 머릿속에는 그 기억이 점점 하나의 진실로 남아, 심지어 놀이공원에서 길을 잃었을 때 자신을 찾아준 청소부 할머니에게 고맙다는 편지까지 썼다.

그로부터 3개월 후 엄마는 시연이에게 "이 모든 상황은 엄마와 제작진이 만들어낸 가짜 기억"이라고 말했다. 시연이는 한참 동안 혼란스러워하며 엄마를 못내 원망스런 눈빛으로 바라보더니 머쓱한 웃음을 지었다. 도대체 시연이의 기억은 어떻게 바뀌게 된 것일까?

로푸터스Elizabeth F. Loftus 교수(미국 UC어바인대학교 심리학과)는 이런 상황을 상상하는 인간의 뇌인 전두엽이 주인을 감쪽같이 속인 것이라고 말한다. 경험을 기억으로 저장하는 과정에서 정보의 출처를

로푸터스 교수는 전두엽이 감쪽같이 주인을 속이면 허위 기억을 진짜 기억으로 착각하게 되는 일이 가능하다고 말한다.

정확히 기억하지 못하던가, 아니면 나중에 기억을 오염시키거나 왜곡시키는 암시적 정보에 노출되면 잘못된 기억이 발생할 수 있다는 것이다. 결국 기억의 저장과 인출 과정이 훼손되면 그 일을 왜곡한 상태로 기억하게 된다. 이처럼 가짜 기억을 주입하게 되면 우리는 그 가짜 기억을 진짜 기억으로 착각하게 된다.

허위 기억 심리실험을 학계에 처음 소개한 로푸터스 교수는 인간이 상상할 수 있기 때문에 가능한 일이라고 말한다. 상상력을 통해 기억처럼 느껴지는 것을 구성할 수 있다. 부모가 암시하는 것을 시연이는 상상하려고 노력했고, 기억과 재구성이라는 과정이 시연이를 장악하게 되면서 진짜 기억처럼 느껴지는 것이다. 여기에는 감각적인 세부항목이 많이 존재하고 감정도 결부될 수 있다.

기억은 생존이다

▶▶▶ **생존 기억**

　동물이나 인간이나 생존하기 위해서는 뇌의 기능이 가장 중요하다. 그중에서도 생존에 위협을 느낄 때 뇌의 변연계에 있는 편도체 amygdala에서 가장 먼저 변화가 일어난다. 편도체는 두려움과 공포를 느꼈을 경우 가장 먼저 반응하는 곳이다. 만약 이 기관이 없다면 동물은 자신의 천적에 대해 본능적인 두려움을 느끼지 못하고 도망가려는 생각조차 없어져 그 자리에서 천적에게 목숨을 잃게 될 것이다.

　이와 같은 사례를 가장 잘 보여주는 것으로 편도체를 제거한 쥐와 뱀 실험이 있다. 다윗과 골리앗의 싸움처럼 승산 없어 보이는 싸움에서 쥐의 운명은 어떻게 됐을까? 우리의 상식대로라면 쥐는 뱀이 나타나면 최대한 도망가야 한다. 살기 위해선 무조건 피해야 한다. 하

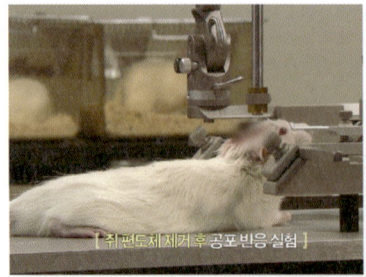

[쥐 편도체 제거 후 공포반응 실험]

1 쥐의 편도체 제거 장면.
2, 3 편도체가 제거된 쥐는 뱀과 마주하고 있어도 두렵지 않다. 오히려 다가가 접촉을 시도하지만, 곧 뱀의 먹이가 되고 만다.

지만 편도체가 없는 쥐에겐 제 아무리 큰 구렁이가 올지라도 무서울 리 없다. 기억 자체에 뱀에 대한 두려움이 저장되어 있지 않기 때문이다. 그런 쥐가 황당해서 뱀은 잠깐 놀라 머뭇거릴 수는 있지만 결국 쥐를 잡아먹는다. 충북대학교 수의학과 김윤배 교수는 야생에서는 굉장히 많은 천적과 대면하고 있기 때문에 편도체가 본능적으로 천적의 습격이라든지 나쁜 경험을 느낄 수 있다고 말한다. 그렇지 않으면 야생에서 살아날 수가 없다는 것이다.

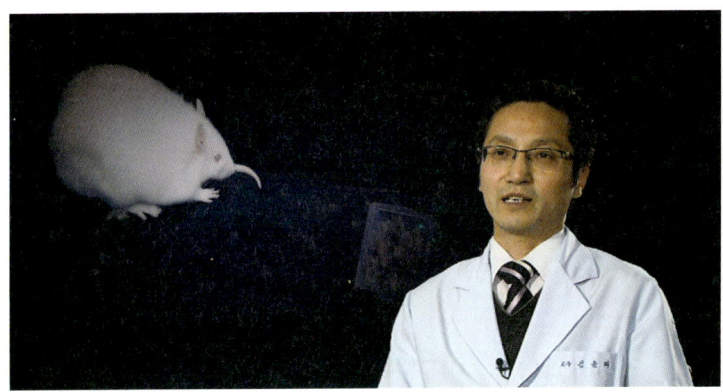

편도체가 본능적으로 천적의 습격을 느낄 수 있다고 설명하는 김윤배 교수.

우리의 유전자도 이와 다르지 않다. 우리는 배우지 않았더라도 무서운 곳에 있으면 두렵다고 느낀다. 그래서 높은 곳에 가면 자신도 모르게 몸을 수그리게 된다. 그것은 생각에서 우러난 것이 아닌 본능적인 행동이다. 수십만 년 전부터 축적된 인간의 유전자가 안전함을 유지하기 위해 경고하는 것이다. 만약 그런 위험을 경고하는 편도체가 없다면 어떻게 될까? 아마 우리는 높은 곳에서도 아무 생각 없이 뛰어내리다가 목숨을 잃게 될 것이다.

분명 공포는 위험을 피하는 데 도움이 된다. 하지만 이런 두려움 때문에 해야 할 일을 못하는 이들도 많다. 일명 '겁쟁이'라고 불리는 사람들이다. 그렇다면 겁이 많은 사람들에게 앞 실험의 쥐처럼 편도체를 제거하는 수술을 통해 용기를 얻게 해줄 수 있지 않을까?

이 의견에 브리티시 컬럼비아대학교의 스댄리 레크먼 Stanley Rachman 교수는 반대한다. 1970년대부터 그는 낙하산 부대 군인들을 대상으로 '두려움과 용기'에 대해 실험해 왔다. 처음 낙하훈련을 받은 부대원들의 심리적 반응을 3개의 그룹으로 분류했는데, 대다수의 군인들은 위기상황에서 위험을 감수해야 할지 그 상황으로부터 도망가야 할지에 대해 번민하게 되는 싸움 – 회피 반응Fight or Flight response을 나타냈다.

그중 극소수의 군인들은 한 치의 망설임도 없이 낙하했다. 또 다른 피실험 대상인 군인들은 낙하 직전에 심각한 공포 반응을 보이며 낙하를 주저했다. 마지막으로 분류된 군인들은 공포감을 느끼면서도 이를 극복하고 의연한 자세로 땅을 향해 뛰어내렸다.

래크먼 교수는 이 세 가지 유형 중에서 공포감을 극복한 그룹이 가장 용감한 사람들이라고 말한다. 그는 공포 자체를 느끼지 못하여 행동하는 것보다 두려운 상황을 인식하고 있지만 현실을 회피하지 않고 맞서는 행동이 진정한 용기라고 정의한다.

▶▶▶ **공포에 무의식적으로 반응하는 인체**

흔히 공포 영화를 보고난 뒤 사람들은 '털이 곤두설 정도로 무섭다'고 얘기한다. 털이 선다는 것은 과학적인 사실일까?

〈과학동아〉(2005년 8월호)에 따르면 건국대 의대 해부학교실의 고기석 교수팀이 독일 과학전문지 《세포조직연구》에 올린 연구보고를 통해서 이를 증명한 바 있다. 당시 연구팀은 현미경을 통해 일반 성인의 두피 피부조직을 촬영해 컴퓨터를 이용해 이를 확인했다. 사진에서는 털세움근이 3~4개의 털을 한꺼번에 움켜잡고 있는 장면이 보였다. 자율신경계에 의해 수축된 털세움근으로 인해서 평상시 피부에 붙어 있던 털이 수직으로 곤두섰던 것이다. 우리가 추울 때나 공포를 느낄 때 '소름이 돋는다'라고 하는 이유다.

공포 상황은 인체의 다양한 변화를 일으킨다. 먼저 공포에 직면하면 심장박동이 빠르게 증가한다. 이는 우리 몸의 자율신경계의 작용으로 심장에서 흘러나오는 피가 장기조직이나 근육조직으로 쏠리기 때문에 벌어지는 일이다. 즉 삼십육계 줄행랑처럼 위급상황에서 꼭 필요한 인체의 생존전략을 위한 작용이다. 장기조직에 피를 원활하게 공급해 주는 동시에 도망시에는 근육을 많이 써야 하므로 피를 충분한 만큼 공급, 비축해 두는 것이다. 피부에 핏기가 사라지는 이유가 여기에 있다.

공포에 질린 사람들의 얼굴을 떠올려보면 쉽게 이해가 될 것이다. 사람은 공포에 직면하면 비명을 지르기도 하고 얼굴이 하얗게 변하기도 한다. 핏기가 빠져나가기 때문이다. 땀샘이 수축되면서 땀이 비 오듯 쏟아지기도 한다. 공포를 인식한 인간의 뇌가 자율신경계를 자극함으로써 벌어지는 현상이다.

'오금이 저린' 이유도 여기에 있다. 땀이 식어 체온이 상실되기 때문에 몸은 오싹 움츠러들게 된다. 이때 근육조직도 수축된다. 공포영화에서 귀신이나 엽기적인 장면이 나오면 담이 약한 사람들은 비명을 지른다. 자율신경계가 성대 근육을 자극하기 때문에 자신도 모르게 소리가 튀어나오게 된다. 지극외 정도가 심할 때에는 성대경직이 발생해 그 어떤 소리조차 낼 수 없게 되기도 한다. 공포 때문에 말문이 아예 닫혀버리는 경우다.

공포 장면에서는 소리도 잘 듣지 못하게 된다. 공포를 느끼는 뇌가 의식을 차단하는 쪽으로 작동하기 때문이다. 기절하는 현상은 이때 벌어진다. 뇌가 너무 과도하게 의식을 차단하면 기절하게 되는 것이다. KAIST 김대수 교수에 따르면 이런 상황은 뇌 조직에서 시상핵과 편도체의 상호작용으로 의식을 차단하도록 유도하는 것으로 분석된다.

공포 상황에서는 오줌이 마려워진다(방광 수축). 잔혹한 영화에서 머리에 총이 겨누어진 등장인물이 종종 소변을 싸는 일도 있다. 공포 상황에서 소변이 마려운 이유에 대해서 과학자들이 제시하는 가설은 두 가지이다. 소변을 보면 인체가 한결 가뿐해져 도망가기 용이하다는 설과 포식자에게 먹힐 위기에 직면한 동물이 불쾌한 냄새가 나게 해서 적에게 '밥맛'이 떨어지게 하는 방식으로 생태계가 진화했다는 주장이다.

▶▶▶ 시각을 뛰어넘는 청각의 공포감

두려움에 대해 우리 몸이 나타내는 현상들은 짧은 시간에 나타나지만 이러한 공포감은 우리 몸 구석구석에 뻗어 있는 신경계를 자극해 짧지만 강렬한 전율을 일으킨다. 이와 같은 공포감은 아이러니하게도 쾌락에서 느끼는 과정과 비슷한 상황을 연출하게 된다.

즉 우리 몸이 공포를 느끼게 되면 신경계는 이를 빠르게 감지하고 쾌락을 느끼게 만드는 신경전달물질 도파민Dopamine을 분비한다. 따라서 두려움과 쾌감은 동시에 느낄 수 있다는 주장이 설득력을 얻고 있다. 쾌감을 즐기기 위해 두려움 또는 고통을 느끼는 과정을 반복한다면 우리는 정신적, 육체적 피해를 입을 수 있다. 즉 이러한 자율신경계 반응은 위기로부터 우리 몸을 보호하는 방어적 행동이기 때문이다.

공포영화를 보면서 귀신이나 괴물이 등장하기 전 어떠한 일들이 발생하는 것을 암시하는 음산한 소리에 더욱 큰 공포감을 느낀 경험이 있을 것이다. 이러한 현상은 인간이 시각적인 장면에서보다 청각적인 소리에 더 큰 공포감을 느낀다는 의미이기도 하다.

▶▶▶ 공포를 관장하는 편도체

편도체는 아몬드 같이 생겼다고 해서 붙여진 이름으로, 편도체에는 여러 신경세포가 세 그룹을 이루며 매우 복잡한 네트워크를 형성하고 있다. 편도체의 대표적인 기능은 공포 자극과 공포 반응을 연결해 주는 것이다. 공포 관련 일차자극이 시상핵Thalamic Nuclei을 통해 편도체를 자극하면 우리 몸에서 공포에 관련된 생리학적인 이차반응을 일으키게 된다. 따라서 편도체가 손상된 환자는 공포 영화를 봐도 무섭다는 사실은 알지만 공포 반응이 정상인에 비해 현저히 낮다.

하버드대학교 슈바르츠Schwarz 박사팀은 실험을 통해 낯선 얼굴을 봤을 때 뇌의 반응에서 편도체와 후두측두피질 영역이 활성화되었음을 측정했다. 편도체의 중요한 또 다른 기능은 공포를 학습하는 데 있다. 즉 이전에는 공포를 유발하지 않던 대상이 특정 사건 이후 공포의 대상이 되는 경우다. 흰쥐에게 물리면 아픈 자극과 흰쥐를 구성하는 모든 정보들이 편도체에서 연합된다. 통증을 느꼈던 기억과 흰쥐의 모양이나 색깔 같은 정보가 섞인다는 얘기다. 그러면 그후에는 나를 물었던 바로 그 쥐가 아니라 어떠한 흰쥐가 나타나더라도 무서워하게 된다. '자라 보고 놀란 가슴 솥뚜껑 보고도 놀란다'라는 속담도 일리가 있다. 이 같은 과정을 '공포조건화'라고 한다.

그렇다면 공포조건화가 일어나는 동안 편도체에서 무슨 일이 일어나는 것일까? 흰쥐에게 물리면 통증 자극과 흰쥐에 관한 다양한 정보가 편도체로 들어와 편도체 신경을 자극한다. 이렇게 두 가지 이상의 신호가 들어오면 다양한 입력 신경과 편도체 신경을 연결하는 시냅스가 강화된다. 여기서 시냅스 강화란 같은 자극에 대해 신경세포가 더 크게 반응하는 현상을 말한다.

> **tip**
>
> **겁 없는 여인**
>
> 미국 아이오와대학교 연구진들은 피실험자로 채택된 한 여성에게 뱀과 거미를 만지게 했다. 그러나 그녀는 아무런 두려움도 느끼지 않고 그것들을 쉽게 잡아들었다. 뒤이어 귀신이 나올 것 같은 빈집으로 그녀를 데리고 갔다. 연구진은 미리 귀신으로 분장해서 그녀가 공포를 느끼도록 시도했지만 그녀는 놀라기는커녕 웃음만 터뜨렸다. 이어 무섭고 잔인한 영화를 보여주어도 그녀는 아무런 공포를 느끼지 못했다.
>
> 연구진은 그녀가 공포나 두려움을 느끼지 못하는 이유는 그녀의 뇌 속 편도체 때문인 것으로 최종 판단했다. 그녀는 선천적인 유전질환을 앓고 있어 편도체 부위가 비어 있는 상태였던 것이다. 편도체는 감정이나 정서 등을 관장하는 것으로 알려져 있다. 그녀는 즐거움, 슬픔, 우울함 등 기본적인 정서와 기억력 등에는 아무런 문제가 없었고, 단지 '공포'라는 감정만을 느끼지 못했다.

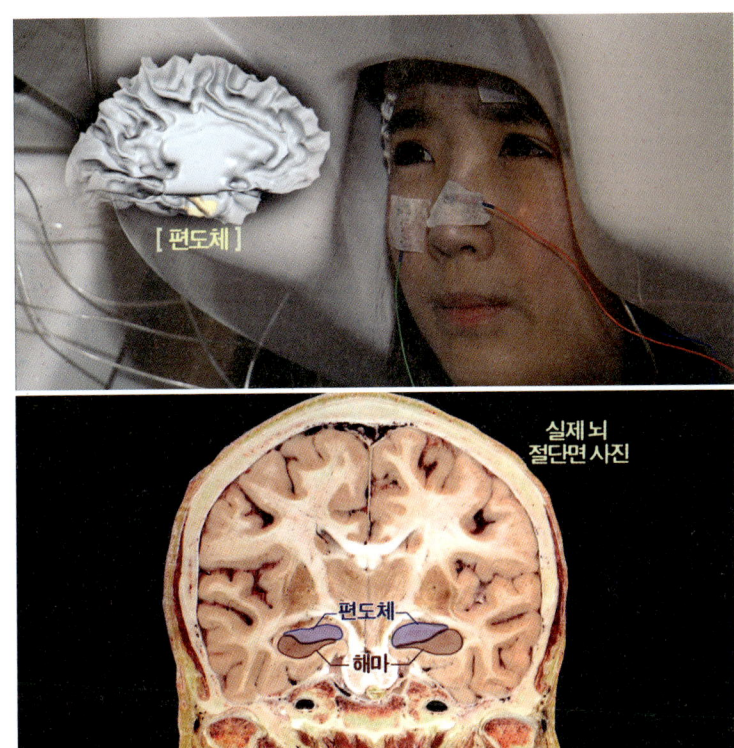

공포 자극에 활성화되는 편도체.

따라서 시냅스가 강화되면 예전엔 공포를 유발하지 않던 자극들이 편도체를 자극할 수 있게 되어 공포반응을 유발하게 된다. 편도체의 시냅스가 강화되기 전에는 흰색이 편도체 신경의 출력신호를 유발할 수 없었으나, 흰쥐에게 물린 뒤에는 흰색을 볼 때마다 또는 쥐의 모습을 볼 때마다 출력신호를 유발해 공포를 느끼게 된다. 편도체는 원인을 논리적으로 분석하는 대뇌와 따로 작동한다. 우리의 의지

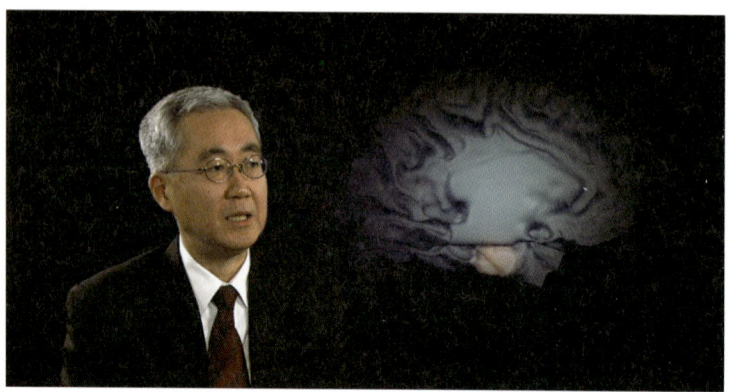
공포기억 실험을 진행한 정천기 교수.

로 공포감을 자유롭게 조절할 수 없는 이유가 바로 여기에 있다.

공포감은 필요에 의해 뇌가 만들어낸 것이고, 오랜 기간 뇌 속에 남아 우리의 정서와 성격 형성에 중요한 역할을 한다.

그렇다면 뇌가 공포를 느끼면 활성화되는 부분은 어떻게 변할까? 제작진은 서울대학교 신경외과 정천기 교수 팀과 공포 기억 실험을 해보기로 했다. 피실험자에게 공포 사진과 일반 사진을 보여주었다. 그러자 피실험자의 편도체가 즉각적으로 움직이기 시작했다. 생존을

> **tip**
>
> ### 자기뇌도측정법
>
> **자기뇌도측정법**Megnetoencephalography: MEG은 자기장을 이용해 뇌의 활동을 시각화하는 '뇌 활동 측정 방법'의 한 종류이다. 뉴런이 활성화하면 약한 자기장이 발생한다는 사실을 이용하여 머리 표면 부위에 많은 전극을 부착, 뇌 활동을 측정하고 표기한다. 이를 통해 자극에 반응하여 발생하는 최대 자기장 활동과 뇌 활동의 상관관계를 유추할 수 있다.

위해 기억은 공포에 맞서 싸우거나 도망치거나, 둘 중 하나를 선택해야 하기 때문이다. 이런 결과에 대해 정천기 교수는 "대부분의 사람들이 기본적으로 일반 사진보다 무서운 사진을 훨씬 더 잘 기억한다"고 말한다. 이러한 사실은 자기뇌도측정법MEG 판독 결과에도 나타났다. 무서운 사진과 무섭지 않은 사진을 비교해 보여주었을 때 무서운 사진에 편도체가 더 강력하게 작동하였다.

공포를 느끼면 느낄수록 편도체는 그 상황이 생존과 관련된 것으로 인식하고, 선명하게 기억하려는 시스템을 가동한다. 큰 사고를 겪은 사람들이 사고를 겪은 후에도 쉽게 악몽에서 벗어나지 못하는 것도 바로 이 때문이다.

▶▶▶ 인간의 기억력을 뛰어넘는 동물의 기억력

먹이를 숨겨두는 장소가 수천 곳에 이른다는 박새는 한 달 정도의 시간이 지나서도 그 장소들을 기억한다. 더 놀라운 것은 숨겨놓은 먹이 중에 어떤 것이 자기들에게 가장 큰 에너지를 제공할 것인지에 대해서도 기억하고 있다는 사실이다. 또한 박새의 암컷은 알 낳을 장소가 될 만한 곳을 정해 놨다가 때가 되면 그 장소를 기억해 정해진 곳에 알을 낳는다.

'제브라 핀치'라는 이름의 새는 잠자는 동안 뇌가 활성화되면서 지저귀는 학습을 완료한다. 이는 어린 아이들이 말을 배우는 방식과 비슷하며 활성화되는 뇌 부위도 비슷하나. 또한 어린 아이와 제브라 핀치 둘 다 말하기와 같은 살아가는 데 있어 필수적인 학습이 주로 유

1, 2 데이비드 셰리 박사는 박새를 통해 기억력이 뛰어난 동물들을 연구하고 있다.
3 박새의 해마는 다른 새들보다 크기도 크고, 해마의 뉴런 수도 더 많다.

아기 때 이루어진다는 점, 연습을 필요로 한다는 점, 학습하기, 말하기, 노래하기를 관장하는 뇌 부위가 다방면에 걸쳐 있다는 것이 공통점이다. 이러한 공통점 덕분에 제브라 핀치는 인간의 말하기 능력에 미치는 수면의 역할을 연구하는 데 많이 쓰이고 있다.

제브라 핀치가 낮 동안 지저귈 때 활성화되는 부위와 자면서 활성화되는 부위는 같다. 즉 같은 부위가 활성화되면서 잠자는 동안 학습이 이루어지는 것이다.

　이처럼 장소를 기억했다가 먹이를 찾거나 알을 낳는 등의 행동을 보이는 새들은 그렇지 않은 새들보다 해마의 뉴런 수가 더 많고, 손상된 뉴런의 회복 속도도 더 빠르다. 인간보다 더 뛰어난 동물들의 기억력의 원천은 어디에서 오는 것인지 놀라울 뿐이다.

▶▶▶ 침팬지 엄마, 제인 구달

　"기억은 인간의 전유물이 아니다"라고 주장하는 사람이 있다. 세계적인 침팬지 연구가이자 환경운동가인 제인 구달Jane Goodall 박사다. 그녀는 1934년 4월 3일 런던에서 태어나, 잉글랜드 남부 한 바닷가에서 자랐다. 어려서부터 동물을 좋아했던 그녀는 10세 무렵부터 아프리카로 가서 동물들과 함께하는 삶을 꿈꾸기 시작했다.

　그녀는 23세 때인 1957년, 아프리카에서 세계적인 고고인류학자 루이스 리키Louis Seymour Bazett Leakey 부부를 만나 3년 뒤 탄자니아 곰비 지역 침팬지 연구팀에 발탁되면서부터 야생 침팬지 보호와 연구에 일생을 바쳤다. 1975년, 전 세계 동물 연구를 후원하기 위해 '야생동물 연구·교육·보호를 위한 제인 구달 연구소'를 설립한 후 현재까지도 50년이 넘는 시간을 탄자니아에서 야생 침팬지와 함께 생활하고 있는 세계적인 침팬지 연구가다.

　그녀는 기억은 인간만의 전유물은 아니며, 어쩌면 영장류가 인간보다 기억을 이미지화하는 능력이 뛰어날지도 모른다고 주장한다.

　일본 도쿄대학교 영장류연구소에서 실시한 '침팬지 vs 사람'의 실

제인 구달 박사는 어쩌면 영장류가 인간보다 기억을 이미지화시키는 능력이 더 뛰어날지도 모른다고 주장한다.

힘을 예로 들 수 있다. '아유무'라고 불리는 침팬지는 스크린 위에 불규칙적으로 숫자가 뜨자마자 동시에 그 숫자를 비주얼로 기억한다. 사람이 1에서부터 9까지의 숫자를 읽기도 전에 말이다. 아유무는 1번 숫자 버튼을 누르자마자 동시에 나열되어 있는 나머지 순자들을 정확하게 기억하고 순식간에 맞혔다. 마치 사진을 찍어 그대로

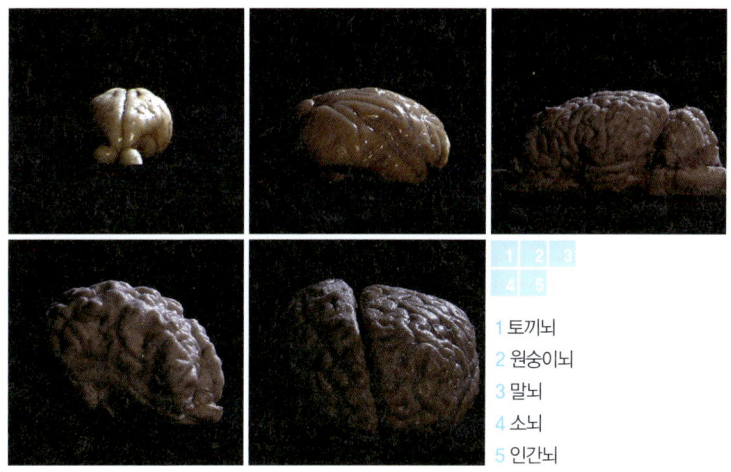

1 토끼뇌
2 원숭이뇌
3 말뇌
4 소뇌
5 인간뇌

출력해내듯 말이다. 제인 구달 박사는 침팬지 아유무의 기억력은 사진처럼 정확하게 기억하는 'Photographic Memory'라고 말한다.

뇌가 크다고 해서 반드시 기억을 잘하는 것은 아니다. 자연생태에서는 생존과 관련해 동물이 인간보다 더 뛰어난 기억력을 보이는 경우도 많다. 인간의 기억이 동물과 구별되는 가장 중요한 점은 따로 있다. 그 비밀은 바로 인간의 앞쪽 뇌 전두엽Frontal lobe에 있다. 이곳은 모든 정보를 모아 최종 결정을 내리는 사령탑과 같은 곳으로, 이곳을 통해 인간의 기억은 과거에 머물지 않고 상상을 할 수 있다.

05 기억력, 높일 수 있을까

▶▶▶ 놀라운 기억력을 가진 사람들

2008년 아카데미상을 비롯해 수많은 영화상을 휩쓸며 전 세계를 감동시킨 영화가 있다. 바로 〈슬럼독 밀리어네어〉.

주인공은 인도의 중심도시 뭄바이의 빈민가에 사는 18세의 고아 소년이다. 사랑하는 여자를 위해 상금으로 2천만 루피가 걸린 인도 최대의 퀴즈쇼에 나간다. 그는 우승하여 백만장자가 된다. 그러나 지식인들도 우승하기 쉽지 않은 퀴즈쇼에서 어떻게 길거리 소년이 우승하게 되었는지 의심한 퀴즈쇼 관계자와 경찰은 그를 사기 혐의로 체포한다. 소년은 자신의 무고함을 증명하기 위해 지금까지 자신이 살아온 파란만장한 삶을 이야기한다. 그 속에 모든 문제의 답이 있었다. 정답들은 그가 경험한 모든 인생이었던 것이다.

그러나 영화 속 주인공처럼 똑같이 파란만장한 인생을 살았다 해도 인생의 소중한 순간을 의미 있게 기억해내지 못한다면 기억은 더 이상 '기억'이 아니다.

우리나라에도 트럭 운전을 하면서 KBS 프로그램 〈퀴즈 대한민국〉에서 퀴즈왕으로 등극한 사람이 있다. 트럭 운전기사 임성모 씨가 바로 그 주인공이다. 그는 전쟁 중에 태어나 항상 가난에서 벗어나지 못했고, 아래로 동생 넷을 공부시키기 위해 자신은 학업을 포기해야만 했다. 지금도 그는 어려운 형편 때문에 대학을 보내지 못한 두 딸들을 생각하면 가슴이 아프다. 그래서 그는 두 딸들에게 아빠라는 이름으로, 저학력 출신은 성공하기 어렵다는 사회적 편견을 불식시키기 위해 도전에 나섰다.

새벽부터 밤늦게까지 일해야 하는 임씨는 트럭에서도, 밥 먹으면서도, 화장실에 가서도, 장소에 상관없이 시도 때도 없이 공부했다. 잠은 항상 부족했고 피곤함에 몸은 힘들었지만, 하루하루 배워나간다는 사실이 그를 포기하지 않게 만들었다. 그의 트럭 안에는 잠시 쉴 때마다 공부하기 위해 붙여놓은 메모들로 꽉 차 있었다. 이러한 메모 습관은 그의 집 구석구석에서도 엿볼 수 있었다. 메모 중에는 심지어 화장실 변기 앞에 붙어 있는 것도 있었고, 잠자리라고 예외는 아니었다. 그의 좁은 집에는 변변한 책걸상도 없었지만, 그의 학습 열정에는 아무런 문제가 안 되었다. 종이박스로 만든 작은 책상 위에 사전, 역사책, 지리책 등이 가지런히 놓여 있었다.

책상 앞에는 역대 왕과 대통령 리스트가 암기하기 좋게 정리되어 있고, 여러 가지 정보를 정리하기 위해 신문, 잡지에서 오려낸 기사들이 스크랩되어 있었다. 그는 이렇게 정리한 노트들을 일터에 가지고 다니면서 암기했다. 그간 정리한 노트만 해도 12권에 달했다. 이렇게 자신만의 공부법과 암기 방법을 통해 한발 한발 자신의 목표를 향해 나아갔다. 그의 별명은 '굴백사'이다. 굴러다니는 백과사전이라는 뜻이다. 기초학력이 부족한 그는 우직하게 기본 학습력부터 키워 나갔다. 먼저 어휘를 다져야 한다는 생각으로 한자배우기에 도전했다. 한자 3천 자를 외우고, 한문을 공부했다. 이후 고등학교 지리교과서를 비롯해 백과사전 등을 가지고 세계 각국에 대한 기본 지식을 익혀나갔다. 인구, 종교, 지형 등 한 국가를 떠올리면 그 국가에 대해서 끊임없이 정보를 얘기할 정도가 되었다. 그 다음 정복대상은 역사였다. 고구려부터 조선시대까지, 또한 미국 등 주요 국가의 역사, 즉 세계사까지 섭렵하였다.

몇 년간의 노력을 기반으로 각종 퀴즈 프로그램 도전 준비에 나섰다. 우선 각 퀴즈 프로그램을 모니터하면서 출제문제들을 정리 정돈했다. 또한 출제문제들을 확장하고 응용한 문제를 직접 정리해 보고, 이와 관련한 배경 지식도 사전과 신문을 이용해 보충해 나갔다. 이와 관련한 노트만 20여 권에 달했다.

그의 노력은 헛되지 않아 누구도 상상할 수 없는 일을 해낸 것이다. 그는 자신이 57세에 퀴즈 영웅이 됐다는 사실이 많은 이들에게 용기와 희망이 되기를 원한다. 특히 청년들에게 힘든 상황 속에서도 자신의 삶을 개척해 나가는 동기가 되기를 바란다.

많은 사람들은 현재 자신이 가진 것을 가지고 할 수 있는 일만을 생각한다. 그러나 가지고 있지 않지만, 노력하여 얻을 수 있는 미래의 자산도 소중한 삶의 원동력이 될 수 있다.

놀라운 기억력은 바로 이 순간 간절히 원하고 노력하는 사람에게 나타날 수 있는 아주 특별하지 않은 능력일 수도 있다.

▶▶▶ 기억의 거인

미국 워싱턴 D.C. 외곽 애난데일에 위치한 'The Juke Box Diner' 식당에서 웨이터로 일하고 있는 라우프(경력 24년) 씨는 67가지나 되는 음식 메뉴와 다양한 소스들을 곁들인 음식 주문을 종이와 펜 없이도 거뜬히 소화한다.

그가 한 그룹의 가족을 대상으로 다양한 음식을 주문받는다. 주문 메뉴는 큰 와플/햄버거/컨트리 소시지와 비스킷/달걀 2개/마마스 팬케익/바나나 토핑/스크램블 에그/소시지/버터 두른 아동용 팬케익/베이컨 치즈 오믈렛이다. 그는 딱 한 번 주문 내용을 듣고 바로 주문 계산기에 입력한다. 제작진이 주문 계산서를 몇 번이나 확인해 보아도 그의 주문은 완벽했다.

지난 몇 십 년 동안 심리학자들 사이에서는 기억력은 고정된 것이라는 잘못된 믿음이 있었다. 이러한 관점은 최근 몇 년 사이 바뀌어 가고 있다. 숙달된 기억력은 더 이상 천재의 독점적인 능력이나 비범함으로 간주되지 않는다. 심리학사 코넬^{Conel} 교수는 "몇몇 사람들은 사진, 음악 악보, 체스 위치, 업무 처리, 극적인 대사, 또는 얼굴에 관

라우프 씨는 음식 주문을 종이와 펜 없이 한번 듣고 외워서 처리하는 것으로 유명하다. 실제 그가 입력한 주문 내용을 확인해보니 완벽했다.

한 놀라운 기억력을 갖고 있는데, 그것은 결코 독특한 것이 아니다"라고 주장한다. 지독한 근시로 악보를 볼 수 없어 무려 150여 곡을 암보暗譜해 지휘했다는 전설적 지휘자 토스카니니의 기억력도 일반인들의 기억력과 생리적인 차이점이 있는 것은 아니다. 다만 토스카니니는 지속적으로 기억력을 훈련했고, 기억력을 향상시키고자 하는 열망이 일반인에 비해 강했다는 차이점이 있을 뿐이다.

▶▶▶ 기억왕 도어맨

서울 소공동 롯데호텔 도어맨으로 근무하고 있는 김홍길 씨(경력 11년). 그는 얼마 전 이 호텔 소속 7명의 도어맨을 대상으로 치러진 '차량 번호 외우기 시험'에서 1등을 차지했다. 그는 유명인의 얼굴 사진을 보고 직책, 이름, 차종, 차량번호를 적는 문제 100개를 모두 맞혀 만점을 받았다. 그가 외우는 VIP 고객 차량번호만도 1천 개가 넘는다. VIP 고객의 신상정보를 알기 위해 신문의 일반면 기사는 물론 인사와 부고 기사까지 꼼꼼히 챙겨본다는 그는 유명 인사의 신상 변동을 스크랩해 동료들과 정보를 공유한다.

도어맨들이 주요 고객의 신상 정보와 차량 정보를 숙달되게 외우는 것에 대해 그는 "최상의 서비스를 제공하기 위해서"라고 말한다. 대학에서 관광경영학을 전공한 그는 헌병으로 군 복무를 마치고 1999년 아르바이트로 6개월간 도어맨 체험을 했다. 그리고 '도어맨은 호텔의 첫인상이자 마지막 인상'이라는 매력에 끌려 2000년 공채시험을 보고 정식 도어맨이 됐다. 공교롭게도 롯데호텔 도어맨 7명은 모두 헌병 출신으로, 선배들이 수시로 던지는 질문에 제대로 대답하지 못하면 불호령이 떨어지는 엄격한 분위기 속에서 고객 차량번호 외에 호텔을 출입하는 300여 대 택시의 차량번호도 줄줄 외우게 되었다고 한다. 군대 헌병 시절 눈빛으로 상대를 알아보는 훈련을 받은 것이 큰 도움이 되었다.

롯데호텔 도어맨 김홍길 씨. 그는 군대 헌병 시절 눈빛으로 상대를 알아보는 훈련을 받았다.

최근 그는 한 일본인 고객이 지갑을 놓고 내린 택시의 차량번호가 자신이 기억하고 있는 택시 번호 중의 하나여서 분실물을 쉽게 찾을 수 있었다. 그의 차량번호 외우는 습관은 쉬는 날에도 멈추지 않는다. 아내와 함께 버스를 타고 가면서 주고받는 대화도 주로 이런 식이다.

"여보! 저기 까맣게 선팅한 차에 누가 타고 있는지 알아?"

"몰라. 누군데요?"

"A그룹 B회장님이 타고 계셔."

김홍길 씨는 롯데호텔을 찾는 VIP의 눈빛만 봐도 차종과 차량번호, 그들의 직함이 떠오른다. 그러나 자신의 통장 번호, 친구의 전화번호는 잘 외우지 못한다. 그는 "암기 능력은 일을 위해 꼭 필요한 것이기 때문에 차량번호를 영어 단어 외우듯 쓰면서 외우며 매일 연습한다"고 말한다.

▶▶▶ 기억력과 지능의 관계

IQ^{Intelligence Quotient}는 지능의 발달 정도를 나타내는 지수이다. 지능검사를 처음 창안한 이는 프랑스의 심리학자인 알프레드 비네^{Alfred Binet}다. 소르본 대학의 생리적 심리학 실험소 소장이었던 비네는 1908년 시몽과 함께 '비네-시몽 지능 조사법'을 만들었다. 취학 연령 아동들 가운데에서 학습능력 부족아, 정신지체아를 구분해내기 위한 방편으로 사용하기 위해서였다. 지능검사는 애초에 유전적 요인에 의한 지능지수를 확인해 보기 위해 고안된 것이 아니다.

그 후 독일의 심리학자 윌리엄 슈테른^{William Stern}은 정신연령을 실제의 나이로 나누어 일반인의 지능 평가를 가능하게 했다. 미국 스탠퍼드 대학의 루이스 터먼^{Lewis Madison Terman} 교수는 이를 개선한 '스탠퍼드-비네 지능검사' 방식을 1916년에 만들었다.

오늘날 우리가 사용하고 있는 지능검사 방식은 제1차 세계대전에 참전했던 미 육군이 스탠퍼드-비네 방식을 응용한 필기식 집단 지능검사(육군검사)를 개발함으로써 확립됐다. 언어능력, 수리력, 추리력, 공간지각력 등 4가지 하위요소로 구성된 현대식 지능검사의 원형인 셈이다. 최근 국내에서는 필기식 집단 지능검사 방식 외에도 개인형 검사 방식인 '웩슬러식'과 '카우프만식' 지능검사가 사용되고 있다.

이러한 방식에 의한 지능지수 산출에 대해서 과연 지능지수만으로 사람의 지적 능력을 수치화할 수 있는가에 대한 논란은 끊이지 않고 있다. IQ는 유전적 요인에 의거하기보다는 교육과 훈련, 환경, 외부 자극 등에 의해서 계발될 가능성이 높고, 지능검사 방식이 지닌 한계성 등이 지적되고 있다. 그렇다면 사람의 기억력과 지능과는 어떤 관련성이 있을까? 세계적인 뇌 영양학자인 이쿠타 사토시는 저서 《음식을 바꾸면 뇌가 바뀐다》에서 이같이 말한다.

"우리는 흔히 지능이나 기억력은 머리가 좋은지 나쁜지에 좌우되고, 기질은 성격에서 온다고 생각한다. 즉 유전자가 이 모든 것을 결정한다고 생각한다. 하지만 이것은 아주 큰 착각이다. 지능, 기억력, 기질은 나이가 들어서도 개선이 가능하기 때문이다." 식생활 개선과 같은 후천적인 노력에 의해 두뇌의 기억력이나 지능 개선이 가능하다는 주장이다.

그러나 반대의 경우도 있다. 사람 얼굴을 잘 알아보지 못하는 이들을 보면 우리는 '저 사람 기억력이 나쁘다'고 말한다. 그런데 얼굴 기억력은 IQ와 상관이 없고 별도로 유전된다는 연구 결과가 나온 바 있다. 2010년 2월 중국 베이징사범대학의 지아 리우$^{Jia\ Liu}$ 교수 연구팀과 미국 MIT 맥가번 뇌연구소의 낸시 칸위셔$^{Nancy\ Kanwisher}$ 교수 연구팀의 공동 연구 결과, 사람 얼굴을 기억하는 능력은 유전적 요인이 강하게 작용하고 있다고 발표했다. 이는 7~19세 일란성 쌍둥이 102쌍과 이란성 쌍둥이 71쌍을 대상으로 한 사람 얼굴 기억능력과 유전적 특성과의 상관관계 조사 결과에서 나타났다.

▶▶▶ 기억력의 비밀, NMDA 수용체

스파인의 정보 전달 메커니즘에서 신호를 보내는 쪽 뉴런은 신경전달물질로 글루탐산을 방출하고, 신호를 받는 쪽 뉴런의 세포 표면에는 글루탐산을 받는 수용체가 있다.

글루탐산의 수용체에는 여러 유형이 있다. 그중 AMPA는 글루탐산을 받으면 세포 밖에 있는 나트륨이온을 세포 안으로 유입시켜 신호를 받는 뉴런을 흥분시킨다. NMDA는 보통 때는 마그네슘 뚜껑으로 닫혀 있기 때문에 작용하지 않는다.

그러나 지속적인 자극으로 AMPA 수용체가 먼저 열려 나트륨이온을 세포 안으로 들어가게 하고, 세포 안은 점차 부풀어 올라 그 힘으로 NMDA 수용체의 뚜껑을 밀어올려 열리게 한다. 그러면 나트륨이온뿐 아니라 칼슘이온도 세포 안으로 들어가게 된다. 칼슘이온은 세포 속에서 여러 단백질의 활성화를 일으켜 AMPA 수용체의 수를 계속 증가시킨다. 그러면 시냅스에서의 신호 전달 효율이 향상되어 기억력이 좋아지게 되는 것으로 과학자들은 보고 있다.

1 AMPA수용체와 NMDA수용체가 있는 수상돌기.
2 AMPA수용체.
3 NMDA수용체.
4 해마의 신경세포를 형광현미경으로 촬영한 장면.

▶▶▶ 스마트 쥐

고양이를 놀리는 똘똘한 쥐가 현실에서도 존재할까? 〈톰과 제리〉의 한 장면에서나 나올 만한 일이 유전자 조작을 통해 가능해졌다. 학습에 관여하는 신경전달물질이 많이 나오도록 유전자 조작 실험을 했다. 당연히 NMDA 수용체 문이 자주 열린다. 실험쥐는 훈련을 통해 물 속 받침대의 위치를 파악한다. 받침대를 철거해도 실험쥐는 그곳을 찾아간다.

그렇다면 학습한 스마트 쥐와 일반 쥐가 함께 길을 찾는다면? 유전자 조작을 한 스마트 쥐는 일반 쥐에 비해 헤매지 않고 받침대 자리를 쉽게 찾는다. 받침대는 사라졌지만 주변 지형지물의 위치를 기억해 정확하게 받침대 위치를 찾아낸 것이다. 이렇듯 유전자 변이나 약물을 이용해 인간의 NMDA 수용체를 자극할 수는 없을까? 그

유전자 조작을 통해 스마트 쥐의 탄생은 현실화될 수 있다.

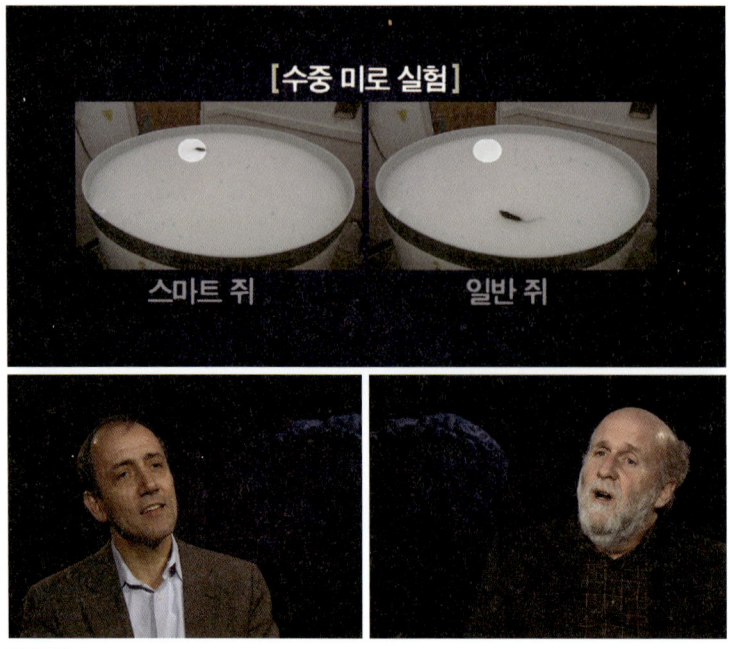

1 일반 쥐에 비해 헤매지 않고 미로의 받침대 자리를 쉽게 찾는 스마트 쥐.
2, 3 기억력을 높여주는 약의 병폐에 대해 설명하는 알치노 실바 교수와 다니엘 색터 교수.

러나 인간에게 적용하려면 과학이 가야 할 길은 아직 멀다.

알치노 실바Alcino Silva 교수(미국 UCLA 신경생물학)는 "유전자를 변형함으로써 뇌의 특정 과정에 녹색 신호등이 켜지고 학습과 기억력을 가속화시킬 수 있지만, 현실로 이루어지는 순간 대가를 치러야 한다"고 말한다.

하버드대학교 심리학과 다니엘 색터 교수 또한 기억력을 높이는 약 개발에 있어 "기억력 촉진제가 효과적이고 안전하다고 해도 가격이 매우 고가라면 경제적 형편이 어려운 학생은 약의 도움 없이 성적을 올려야 하므로 빈부의 격차가 지식의 격차를 불러오게 만들 것이다"라고 지적했다.

▶▶▶ 기억력을 높여주는 약

최근 알츠하이머병과 관련된 APP(amyloid precursor protein : 아밀로이드 전구 단백질)가 뇌 손상을 회복시킬 수 있다는 사실이 증명됐다.

《유럽분자생물학회지》에 발표된 내용에 의하면 벨기에 연구팀은 초파리를 대상으로 실험하였는데, 이 실험을 통해 APP가 발달을 이

> **tip**
>
> **뇌 중앙의 해마에 칩을 심는다_ 인공 해마**
>
> 미국 남부 캘리포니아대학교에서는 쥐의 뇌 속 해마에 칩을 이식하는 실험을 실시했다. 연구팀은 쥐의 해마를 손상시키고, 이를 여러 조각으로 잘라 각 부위별로 전기자극을 진행했다. 이러한 과정을 지속적으로 실시함으로써 쥐가 보이는 반응을 분석했다. 이후 이러한 결과를 바탕으로 실험쥐 해마의 기억패턴을 칩에 담았다. 연구팀은 또 다른 실험쥐의 해마를 파괴해 기억을 지우고 그 자리에 이전 실험쥐로부터 얻은 칩을 이식하고, 아래와 같은 실험을 실시했다.
>
> 연구팀은 물이 가득 든 수조 한가운데 투명한 섬을 만들었다. 쥐는 수조를 빠져나오려고 가진 애를 쓰다가 우연히 투명한 섬을 찾아서 그 위에 올라갔다. 약 10분 이내에 이와 같은 실험을 반복하면 정상적인 쥐는 투명한 섬이라 잘 보이지 않지만 위치를 기억해 곧바로 섬을 찾아간다(모리스수조 실험). 반복할수록 섬을 찾는 데 걸리는 시간이 짧아졌다. 연구팀이 만든 칩을 이식 받은 쥐도 보통 쥐와 마찬가지로 섬을 찾는 데 걸리는 시간이 점점 짧아졌다. 인공 해마가 성공적으로 작동한 것이다.
>
> 이와 같은 결과를 바탕으로 인공 해마를 통해 알츠하이머, 뇌졸중, 간질 등 뇌질환으로 기억력을 상실한 환자가 정상인으로 회복할 수 있다는 기대도 더욱 커지게 되었다.

미 마친 신경돌기에 분지 현상을 촉발시킨다는 결과를 발표했다. 이는 알츠하이머 질병 연구 영역과 뇌 손상 재활 연구 영역에 새로운 이슈를 던져주었다.

APP는 알츠하이머 질환의 정도를 측정하기 위해 사용되는 표지

> **tip**
>
> **기억의 부호화**
>
> 기억은 청각, 시각, 촉각 등 감각을 통해 들어오는 정보를 처리하고 저장하기 위해 그 정보를 가치 있게 만들고, 장기기억 속에 저장되어 있는 정보와 결합하는 과정 또는 상태를 뜻한다. 이러한 과정을 통해 새 정보는 작업기억에서 장기기억으로 전환된다. 이때 부호화의 형태로 변환되지 않으면 입수된 정보는 일시적인 저장만 가능하게 된다. 즉 기억하기 쉽도록 정보의 의미를 정교화하는 과정인 셈이다. 학습된 정보는 환경과 같은 외적 요인, 학습자의 바탕 지식과 같은 내적 요인에 따라 변형되어 부호화되고 저장된다.
>
> 최근 저장된 정보를 해독하고 재생하는 것과 더불어 정보를 부호화하여 저장할 수 있는 상태로 바꿀 수 있는지에 대한 관심이 고조되었고, 이에 힘입어 기억의 생리학적 기초와 행동과학적 기초에 대한 연구가 이루어지고 있다. 신경화학적 부호의 정체를 확인하려는 것도 이와 같은 움직임의 일환이다.
>
> 부호화 작용을 연구할 때 자주 채택되는 연구 방법은 낱말의 특성을 조작하는 것이다. 구조가 유사하거나 화법이 동일한 것과 같은 공통된 특징을 가진 낱말들을 열거하여 피실험자에게 제시했다.
>
> 모든 기억 흔적은 속성의 묶음으로 이루어져 있으며, 이런 속성의 일부가 부호를 해독하고 재생하는 첫 단추가 된다. 어떤 것을 학습할 때의 상황이 비슷하게 재현될수록 그 당시 기억을 되살리기는 더 쉬워진다. 즉 기억을 저장할 때 무조건적인 암기가 아니라 체계적인 분류 또는 스토리를 만들어 연상시키는 방법 등을 통해 기억의 재생을 더욱 확실하게 만들 수 있다. 이는 숫자암기의 방법에도 적용할 수 있다. 숫자를 하나의 사진과 같이 기억에 입력하여 정확한 기억의 재생을 이끌어내는 경우도 있다.
>
> _출처 : 브리태니커 사전

단백질로 활용되고 있다. 뇌가 손상되면 APP가 증가하게 되는데, 특히 신경 경로가 분지되어야 하는 영역에 집중적으로 증가하게 된다. 따라서 알츠하이머 질환이 발생하는 현상에서는 APP가 증가한다는 것은 플라크 생성 위험이 커진다는 것으로 설명할 수 있다. 이는 외부 충격으로 인한 뇌 손상이 알츠하이머 질환의 정도를 악화시킨다는 뜻이기도 하다.

알츠하이머병을 앓고 있는 환자의 뇌 속에 아밀로이드 베타 단백질β-amyloid peptides이 축적된 플라크가 발견되었다. 아밀로이드 베타 단백질은 APP로부터 비롯된다.

그러나 이와 같이 알츠하이머 질환을 악화시키는 것으로만 강조됐던 APP가 반대로 뇌 외상을 입은 환자들의 뇌의 신경돌기를 재생시키는 데 도움을 준다는 사실은 분명 놀라운 일임에 틀림없다.

특히 뇌 손상을 입은 환자에게 있어 신경분지 과정은 정상으로 돌아가기 위해 반드시 거쳐야 하는 과정이다. 이 중 외부 충격으로 뇌 손상을 입은 환자에게 있어서는 너무나 절실한 과정이기도 하다.

지금까지 우리의 뇌 기능을 퇴화시키는 것에 일조하고 있다고 알려진 APP가 이와 반대로 뇌 기능을 회복시켜준다는 사실이 밝혀지게 된 것이다. 또한 이번 연구의 결과로 알츠하이머병을 극복하기 위한 새로운 대안을 만들어 나가는 연구의 장을 더욱 크게 확장시켜줄 것으로 예상된다.

Interview #02

TMS(Transcranial Magnetic Stimulation : 경두개 자기 자극술)가 기억력을 향상시킨다

: 포르투나토 바탈리아 박사 (뉴욕시립대학교 정신과)

▶ **TMS로 기억력을 향상시키는 메커니즘은 무엇인가?**

▷ TMS와 다른 비침입적인 뇌 자극 기술은 신경가소성neuro-plasticity 등과 같은 기억에 관한 뇌의 기본 현상을 조절하는 수단이다. 우리는 일정한 기술과 매개변수를 가지고 이러한 과정을 늘리거나upregulate 줄일downregulate 수 있다. 우리는 해마나 전전두엽 같은 몇 가지 특정 부위를 직접적이거나 간접적으로 자극함으로써 신경가소성을 조절하고 기억력을 증진시킨다.

▶ **TMS의 잠재력에 대해 어떻게 생각하는가?**

▷ 이러한 기술은 안전하지만 몇 가지 위험이 수반되기도 하기 때문에 환자 선별에 신중을 기한다. 예를 들어 간질 병력이 있는 환자, 뇌 외상 병력이 있는 환자는 배

포르투나토 바탈리아 박사가 경두개 자기 자극술에 대해 설명하고 시연하는 모습.

제한다. 가능성이 희박하기는 해도 여전히 발작을 유발할 위험이 있기 때문이다. 우리는 국제 지침에 따라 시술한다.

▶ **TMS가 알츠하이머 등 뇌 질환 치료에 도움이 되는가?**

▷ 그렇다. 현재 FDA에서는 오직 우울증 치료에만 TMS 사용을 승인했다. 그러나 TMS의 작용 메커니즘은 신경가소성의 실질적인 조절이다. 따라서 앞으로 TMS는 더 광범위하게 적용될 것으로 기대한다. 기억력과 관련해서는 이미 몇 가지 실험을 통해 TMS가 기억력 향상에 기여한다는 점이 입증되었다. 우리는 뇌 질환에 관한 효과적인 약물 치료법이 많지 않다는 점을 고려해야 한다. 신경퇴행성 과정neurodegenerative process, 즉 노화 예방이나 기억력 향상 등을 위한 새로운 기술이 필요하다.

▶ TMS가 도움이 되는 이유가 기존 세포들 간의 연결을 강화시키기 때문이라는 주장도 있다.

▷ 그렇다. 예를 들어 컴퓨터에서 일어나는 일을 생각해 보자. 자신이 시스템 속도를 향상시킬 수 있는 주요 부위의 소형 메모리 스틱을 갖고 있다고 치자. 다른 한편으로 그것을 제거하면 시스템의 속도가 느려질 것이다. TMS는 바로 그런 식으로 작용한다. 핵심 매개변수를 바꿈으로써 몇 가지 기능과 관계된 주요 부위의 뇌세포 활동을 늘리거나 줄이거나 할 수 있는 것이다. 예를 들어 우울증에 대해서 우리는 전두엽의 배외측 전전두엽 피질dorsolateral prefrontal cortex이라는 부위를 치료 목표대상으로 삼는다. 또 기억상실에 대해서는 측두엽에 초점을 맞춘다.

▶ 어떻게 하면 일상생활에서 기억력을 향상시킬 수 있는가?

▷ TMS가 하는 일은 일종의 뇌 운동Brain fitness이다. 우리는 뇌 자극을 통해 제대로 작동하지 않는 회로를 활성화할 수 있다. 우리는 회로를 활성화시켜야 한다. 독서하고 탐구하고 호기심을 가지면서 뇌를 활동적으로 유지해야 한다. 그것이 오랫동안 우리의 회로를 젊게 유지하는 비결이다. 원한다면 뇌 자극 기술도 근사한 헬스장의 멋진 기구와 같은 기능을 할 수 있다. 우리의 뇌 자극 기술도 그러한 작용을 한다. 우리는 손상되어 제 기능을 못하는 회로를 선택해서 활성화시킨다. 이러한 활성화는 가소성을 촉진하며 치료 효과를 유발한다.

Interview #03

TMS로 작업 기억을 향상하는 연구

: 브루스 루버 교수 (뉴욕주 정신의학연구소 소장, 콜롬비아대학교 조교수)

▶ 충분히 자지 못하는 사람들의 뇌에는 무슨 일이 일어나고, 기억력에는 어떤 영향을 미치는가?

▷ 우리는 이와 관련한 많은 실험을 했다. 작년, 한 실험에서 피실험자들을 이틀 동안 계속 깨어 있게 한 다음 그 이틀이 끝날 무렵에 TMS 시술을 했다. 그러자 그들은 과제를 수행하는 능력에 있어 향상을 보였다.

또 한 계절 동안 피실험자들에게 지속적으로 TMS 시술을 실행했다. 그러자 TMS 시술을 받은 지 18시간이 지나고 수면 부족 상태가 한계에 이르렀는데도 피실험자들은 수면 부족은 조금도 없는 것처럼 과제를 수행했다.

▶ **TMS가 작업 기억에 도움이 되는가?**

▷ 그렇다. 이 분야는 비교적 새로운 과학영역이다. 기본적으로 TMS는 우리 뇌의 신경화학적용을 조절하는데, 거기에는 자체의 역학과정이 더해진다. 아마 뇌파라든가 알파 리듬에 대해 들어보았을 것이다. 뇌에는 사람들이 정확하게 무엇인지 몰랐던, 아주 특정한 리듬이 많이 존재한다. 이것은 우리가 수면 부족에 대해 이야기했던 것을 뒷받침한다. 대뇌피질의 분열disintegration이 있는 것이다. 동시에 다른 종류의 뇌파는 피질의 통합에 큰 역할을 한다고 추측된다.

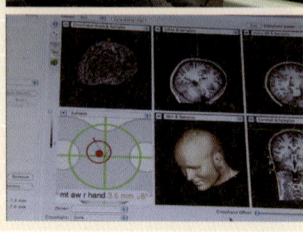

브루스 루버 교수가 TMS 시술하는 장면과 모니터 화면.

▶ **실험에 대한 환자들의 피드백은 어떠한가? 통증도 있는가? TMS 치료는 기존의 치료법과 어떻게 다른가?**

▷ 수면 부족 등에 대한 치료는 대부분 인지치료요법에 속한다. 그 외에 특정한 약이 있다. TMS에는 통증이 없다. 특히 후두부에 할 경우에는 더욱 그렇다. 근육 등의 다른 부위를 자극하면 두통이 생기는 사람도 있지만 전반적으로 통증이 없는 시술이다. 또 부작용도 극소수다.

▶ **기억력 향상을 위한 제안은?**

▷ 우리가 할 수 있는 가장 좋은 것은 운동이다. 두 번째로 좋은 것은 뇌를 사용하는 것이다. 크로스워드 퍼즐도 즐기고, 간단한 과제도 수행하고, 독서도 하면서 계속 활동하고 배워야 한다. 그것이 뇌를 위해 할 수 있는 최선의 일이다. 뇌 자체는 다른 어떤 기관보다도 호흡체계와 산소, 혈관을 훨씬 많이 활용하는 기관이다. 그 체계를 건강하게 유지하면 뇌도 건강하게 유지된다. 모든 뉴런이 생기가 넘치고 제대로 기능할 수 있게 된다. 따라서 기억력 향상은 기본적으로 혈관계를 건강하게 유지하는 것과 관련이 있다.

Interview #04

기억력을 높이는 또 다른 방법

목탁을 두드리며 불경을 외우는 스님, 몸을 좌우로 흔들어 리듬을 타며 한자를 읽는 아이들을 보면 한 가지 특징이 있다. 바로 단순히 외우기만 하는 것이 아니라 다른 자극을 이용해 암송한다는 것이다. 이와 같이 동시에 여러 자극을 함께 주어 기억하면 그 기억은 오래 머무르게 된다.

다양한 자극을 통해 정보를 입력하면 기억에 오래 남는다.

김은준 교수 (카이스트 신경생물학)

"비슷한 종류의 자극이 동시에 들어오면 강력한 자극이 됩니다. 예를 들어 장미의 냄새를 맡으면서 장미를 보면 시각을 통한 정보와 후각 정보가 동시에 해마로 들어오고, 이를 통해 장미의 모양과 특징을 강하게 기억하게 되는 것입니다."

트레버 로빈스 교수 (영국 캠브리지대학교 인지신경학)

"동시 자극은 연속 펀치와 같습니다. 즉 기억 시스템에서 학습을 잘하게 되는 것입니다."

닉 폭스 교수 (영국 런던대학교 신경심리학)

"시험 공부를 할 때 단순히 책을 읽기만 하지는 않습니다. 그렇게만 하면 머릿속에 책의 내용을 집어넣기가 어렵습니다. 입으로나 시각적으로나 다양한 방법으로 입력되기 때문에 기억에 남는 것입니다."

Interview #05

스마트 약이냐 재앙의 약이냐
_기억력 향상 약물에 대한 논란
: 바바라 재클린 사하키한 교수 (캠브리지대학교 임상 신경심리학)

우리가 발견한 흥미로운 점은 ADHD(attention deficit hyperactivity disorder : 주의력 결핍 과잉 행동장애)와 알츠하이머, 정신분열증 환자를 위한 새로운 약을 발견할 때마다 일반인들 역시 이 약을 사용하는 데 관심을 보였다는 것이다. 현재는 일반인들이 '인지력 향상 약' 또는 '스마트 약'이라는 것을 일상생활에 사용하고 있다. 이 약들 중에서 특히 메토페나데인 또는 리틀린, 메디페놀에 관심을 보이고 있다. 메디페놀은 프로비질로 알려져 있다.

바바라 교수 인터뷰 모습

▶ 기억력 향상 약물 개발의 의미는 무엇인가?

▷ 정신 건강이 훨씬 더 중요하다. 사람들의 건강한 삶을 보면 인지 능력과 상당히 관련되어 있다. 노인들의 정신 능력과 건강은 함께 하기에 정신 건강은 더욱 중요하다. 왜냐하면 사람들은 나이가 들면서 어느 정도는 신체적인 장애를 인정하지만, 정신이 온전하지 않으면 본인이나 가족들이 힘들어지기 때문이다.

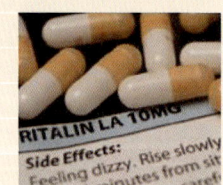

시판되고 있는 스마트 약

심각한 집중력 장애 ADHD 증상이 있을 경우 약을 먹는 것이 중요한데, 약을 먹지 않으면 학교 수업에 방해되고 친구도 사귈 수 없어 많은 것에서 소외되기 때문이다. 심각한 ADHD 환자를 치료하지 않았을 경우 예후가 심각했다는 것이 입증되었는데 성적이 나쁘고, 약물을 남용할 수 있고, 결국 학교를 중단할 수도 있다.

▶ 기억력 향상 약물 논란에 대한 입장은 무엇인가?

▷ 이런 약들이 신경윤리학적인 논란을 일으키는 것은, 이 약들이 장시간 정신을 맑게 하고 집중력을 유지하게 해서 노인들의 인지력 향상에 도움이 될 수 있지만 다른 점도 생각해야 하기 때문이다. 만약 젊은이들이 일을 더 오래 열심히 하기 위해서 이 약을 사용하게 될 경우, 모든 사람들이 늘 일할 수 있으므로 계속 일하는 사회로 변할 수 있다. 그렇게 되면 가정생활과 일의 균형이 무너질 수 있다. 또 하나의 문제는 청소년기에서 초기 성년 단계까지 뇌가 발달한다는 것을 깨달아야 한다. 건강하고 정상적인 사람의 뇌가 발달하는 데 이 약들이 어떤 영향을 주는지 알아야만 한다.

 기억을 이해하라

▶▶▶ 기억을 지우는 소뇌

'의지에 따라 나쁜 기억도 지울 수 있을까?'

미국 콜로라도대학교 연구팀은 지우고 싶은 나쁜 기억을 매뉴얼된 반복훈련을 통해 지울 수 있다는 연구 결과를 발표했다.

이 연구팀은 피실험자들에게 사진 40쌍을 보여주었다. 일반적인 표정을 가진 얼굴 사진들과 참혹한 사건을 당하거나 비정상적인 모습을 하고 있는 사진들이 각각 한 쌍을 이룬 사진들을 실험도구로 사용하였다. 연구팀은 피실험자들에게 이 사진들을 보여주면서 두 가지 상반된 요구를 했다. 보통의 얼굴 사진은 '생각하라'고 지시하고, 참혹한 사진들은 '생각하지 말라'고 요구한 것이다.

연구팀은 실험을 실행하고 있는 피실험자들의 뇌를 자기공명촬영을 통해 스캔했다. 그 결과 '생각하지 말라'는 말을 들은 피실험자의 경우 복잡한 사고를 처리하는 전전두엽피질의 활동이 저하되는 현상이 발견되었다. 반대로 참혹한 사진을 생각하도록 요구되었을 때에는 그 활동이 활발했다.

이후 피실험자들에게 사진을 12번 보여준 후 필답 테스트를 진행했다. 나쁜 기억을 지우려 노력한 피실험자의 경우는 53.2퍼센트의 정답률을 보였다. 반면 얼굴 사진과 짝을 이룬 참혹한 사진을 기억하도록 요구받은 후 그 사진들의 기억 정도를 테스트한 결과 정답률이 71.1퍼센트로 상승했다.

물론 쉽게 잊어버리는 숫자, 단어와는 달리 '나쁜 기억'을 쉽게 지우기는 어렵다. 외상 후 스트레스 장애 환자의 경우 오랜 기간 그 기억으로부터 자유롭지 못해 고통 받으며 살아간다. 그러나 이번 연구 결과를 통해 본인의 의지에 따라 반복적으로 지우려는 노력을 하면 충분히 나쁜 기억을 내 머리 속에서 지울 수 있다는 가능성을 보여준다.

반면 반대의 주장도 나오고 있다. 토마스 닐런^{Thomas Nealon} 박사도 효과적 치료를 위해 필요한 것은 회피와 억압이 아닌 또 다른 경험과 배움이라고 주장한다. 또한 존스홉킨스 대학교 크레이그 스탁^{Craig stock} 교수는 위의 실험 결과는 망각 과정을 보여주었을 뿐이라고 평가 절하한다. 즉 기억을 지우려고 노력하기보다는 환자가 나쁜 기억으로부터의 공포와 부정석 감성을 동시에 연결 짓지 않도록 감정 치료를 하는 것이 중요하다고 말한다.

▶▶▶ 기억은 사라져도 감정은 남는다

많은 사람들이 기억상실증 환자는 모든 기억을 잊어버리고 감정 또한 함께 망각의 늪으로 묻어버린다고 생각한다. 과연 그럴까?

최근 미국 아이오와대학교 연구팀은 기억상실증 환자가 자신이 체험한 기억은 잊어버리더라도 그 기억을 축적하는 동안 느꼈던 감정은 그대로 유지한다는 사실을 밝혀냈다.

기억상실증은 단기 기억을 장기 기억으로 전환하는 뇌의 기억 중추 해마가 손상돼 나타나는 질환으로, 노인성 치매 환자의 초기 증상인 장기 기억 손상에서도 발견된다.

연구팀은 심각한 기억상실증 환자 5명에게 특정한 날을 정하여 어느 날은 즐겁고 행복한 영화를, 또 다른 날에는 슬프고 우울한 영화를 20분씩 보여주었다. 그리고 상영이 끝난 후 영화의 줄거리에 관한 사항 몇 가지를 질문했다.

그런데 기억상실증 환자들은 즐겁고 행복한 영화를 보았을 때의 유쾌한 느낌보다 슬프고 우울한 영화를 보았을 때 느꼈던 먹먹한 감정을 더 오래 기억했다. 보통 정상인의 경우 슬프고 우울한 영화를 보았을 때의 느낌은 시간이 가면서 사라진다. 기억이 흐려지면서 이와 관련한 감정 또한 흐려지게 되는 것이다. 하지만 위의 기억상실증 환자들은 영화를 보면서 느꼈던 감정을 잊어버리지 않고 오랫동안 간직했다.

감정에 대한 기억은 치매 환자에게도 적용될 수 있다. 치매 환자는 누가 자신을 돌봐주었는지조차 기억하거나 알 수 없다. 치매 환자들의 기억은 망각 속으로 사라져버리기 때문이다. 그러나 보살핌을 받았을 때 느꼈던 감정은 기억한다. 기억하지 못하는 이가 유일하게 간직할 수 있는 기억의 종류이다.

따라서 기억상실증 환자 또는 치매 환자가 모든 것을 기억하지 못한다는 것은 선입견에 불과하다. 치매 환자는 사람을 알아보지 못할 수도 있지만, 자신이 좋아했던 사람을 만나거나 목소리를 들으면 밝게 웃으며 자신의 느낌을 나타낸다.

기억상실증 환자의 기억이 갑자기 돌아오는 모습은 드라마 속에서만 일어나는 일은 아니다. 기억을 잃어버린 사람이 자신이 기억을 저장할 수 있었던 시절에 가졌던 강렬한 기억과 또 그 기억을 만들 때 느꼈던 감정들을 불러일으킬 수 있는 상황이 오면, 바다 저 밑바닥에 가라앉아 있던 감정이 물 위로 떠오르게 된다. 때론 기억과 함께.

07 기억은 오래된 미래다

▶▶▶ **바다를 상상하지 못하는 사람들**

바다에 와 있다고 상상해 보자. 눈을 감으면 무엇이 보이는가?

"조개를 줍고 있는데 진흙이 범벅이 되어서……."

"푸른 수평선과 많은 사람들이 물놀이를 하고 파라솔 밑의 사람들, 보트들……."

"횟감들도 보이고 작열하는 태양, 해변가의 사람들……."

상상력이 풍부한 사람들은 시간만 주어진다면 아마도 밤새워 눈앞에 펼쳐진 바다의 모습을 설명해 줄 수도 있다. 그런데 헤르페스 뇌염으로 기억상실을 앓고 있는 조영훈, 김영희(가명) 두 사람은 바다를 상상하지 못한다. 이 두 사람은 해마에 문제가 있어 기억을 못 할 뿐인데 왜 상상하지도 못할까?

⋯▶ 바다 상상 독자 참여 실험

두 눈을 감고 머릿속에 바다를 상상해 보세요.
바다를 떠올렸을 때 상상할 수 있는 것들을 노트에 적어보고 가족, 친구와 비교해 보세요.
쉽게 상상할 수 있을 것 같지만, 막상 해보면 개인의 경험과 기억에 따라 결과는 매우 다르게 나옵니다. 반복적으로 실험하면서 상상력을 키워보세요.

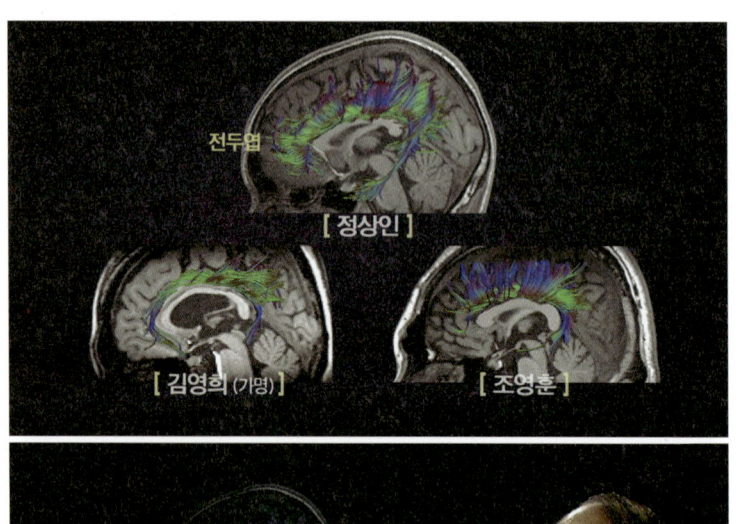
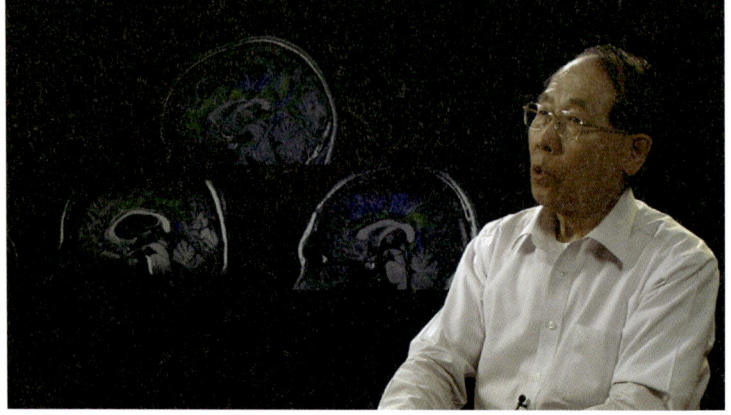

1 정상인에 비해 신경섬유 다발이 많이 사라진 김영희, 조영훈 씨의 뇌 사진.
2 헤르페스 뇌염으로 손상된 해마는 기억도 회상도 할 수 없다고 설명하는 조장희 박사.

이 두 사람의 뇌 영상을 촬영한 결과 해마에서 대뇌피질로 연결되는 신경섬유 다발이 많이 사라진 것을 알 수 있었다. 상상하는 전두엽에 닿아 있는 신경섬유가 사라지면서 상상의 공간도 사라지게 된 것이다.

이와 관련해 조장희 박사(가천의과대학교 뇌과학연구소 소장)는 "헤르페스 뇌염으로 손상되는 것은 상상하는 앞쪽 뇌 전두엽이 아닌 기억하는 해마다. 그러나 해마에서 대뇌피질 전체로 가는 정보의 고속도로, 즉 신경섬유가 사라졌기 때문에 기억도 하지 못하고, 기억을 회상할 수 없게 된 것이다. 즉, 전화선이 끊어진 것이나 마찬가지다. 기억회로와 나머지 뇌신경회로들의 연결이 끊어져 기억장애 전체가 온 것이다"라며 기억의 과거와 미래의 연결을 설명한다.

▶▶▶ 과거 회상과 미래 상상

상상은 미래를 바라보는 또 다른 얼굴이다. 하버드대학교 다니엘 색터(Daniel L. Schacter) 교수는 2006년 《신경심리학회지》에 놀라운 실험 결과를 발표했다. 동일한 주제를 주었을 때 과거를 회상하는 뇌 부위와 미래를 상상하는 부위가 놀랄 만큼 일치한다는 것을 발견했다. 즉 과거가 있어야 미래가 존재한다는 얘기다.

다니엘 색터 교수의 연구에 따르면 과거를 회상하거나 미래를 상상할 때는 놀라울 정도로 공통된 뇌 부위가 활성화된다. 일단 뇌 뒤쪽 시각 영역과 함께 왼쪽 해마가 활성화된다. 그리고 좌내측 전전두엽, 두정엽이 공통적으로 활성화되었는데, 모두 자서전적 기억(미래 기억 포함)을 떠올릴 때 활성화되는 곳이다.

이렇게 과거를 회상하거나 미래를 상상할 때 같은 부위가 활성화되는 이유는 자기 자신과 관련이 있고, 맥락이 있으며, 에피소드가 있는 이벤트를 떠올릴 때의 과정이 같기 때문이다.

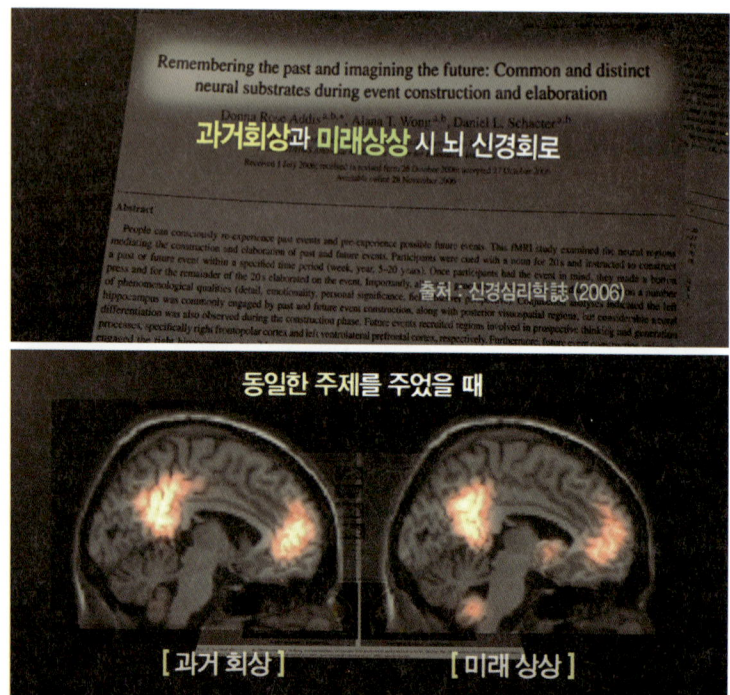

〈신경심리학회지〉에 실린 다니엘 색터 교수의 논문에는 과거 회상과 미래 상상할 때 공통된 뇌 부위가 활성된다는 연구 결과가 수록돼 있다.

　전통적으로 인간의 기억이란 과거를 돌이키기 위한 것으로 여겨져 왔다. 과거에 우리에게 있었던 일들을 되살리기 위해 존재한다고 믿은 것이다. 물론 그 역시 일부이다. 하지만 최근 인간의 기억이 미래를 위한 차원으로 연구되면서, 인간 사고의 큰 부분은 미래에 있을 일들을 예측하는 데 필요하다는 것을 밝혀냈다. 즉 앞으로 일어날 일들을 예측하고, 그에 대비하고자 한다는 것이다.

Interview #06

미래 기억

: 리처드 레스탁 교수 (조지워싱턴대학교 신경학과)

▶ 미래 기억(future memory)은 인간만이 가능한가? 또 다른 기억과는 어떤 차이가 있는가?

▷ 미래 기억은 역설로 들린다. 기억은 과거와 관계가 있어야 하기 때문이다. 그래서 누군가가 미래 기억에 대해 이야기하면 도대체 무슨 소리를 하는 거냐고 의아하게 생각하게 된다. 《이상한 나라의 앨리스》의 작가 루이스 캐롤은 과거로만 갈 수 있는 건 '변변찮은 기억(It's a poor kind of memory that can only go backwards)'이라고 했다. 즉 앞으로 미래로 가야 한다는 뜻이 함축되어 있는 것이다.

리처드 레스탁 교수

그러면 미래 기억의 예를 들어보겠다. 가령 당신이 신경외과 의사가 되기로 결심했다고 치자. 당신은 신경외과의가 되어 외과수술을 하기 위해 의대에 간다. 그러다 보면 아주 힘든 날도 있을 것이고 '과연 나한테 맞는 분야에 온 걸까? 이게 내가 하고 있어야 하는 일일까? 빚도 늘어만 가고 다른 일을 할 시간도 전혀 없는데…'라는 생각이 드는 날도 있을 것이다. 여기서 미래 기억은 자신이 그 일을 마치면 과연 어떻게 될지, 1, 2년 전에 그걸 시작하면서 예상했던 일을 마침내 다 끝내면 과연 어떻게 될지 미리 상상해 보는 것이다. 따라서 미래 기억은 우리로 하여금 과거를 통해 미래로 갈 수 있게 한다.

▶ 미래 기억이 우리의 뇌에 어떠한 영향을 미치는가?

▷ 그것은 작업 기억(working memory)과 함께 우리의 뇌에 도움이 된다. 정보를 유지하고 조종하기 때문이다. 가령 내가 당신에게 현 오바마 대통령에서부터 루즈벨트 대통령에 이르

기까지 미국 대통령의 이름을 쭉 말해 보라고 한다면 그것은 당신의 기억력에 대한 테스트가 될 것이다. 하지만 내가 당신에게 미국 대통령 이름을 알파벳 순서로 말해 보라고 한다면, 당신은 각 대통령의 이름을 머릿속에 떠올리고 각 이름의 첫 번째 글자를 생각한 다음 "다음에는 누구, 그 다음에는 누구" 하는 식으로 말하게 될 것이다. 당신은 머릿속에서 대통령들을 이리저리 옮겨야 하는데 그걸 작업 기억이라고 하며, 아주 힘든 일이다. 실제로 다루기가 가장 어려운 유형의 기억이며, 작업 기억을 갖고 있는 건 인간이 유일하다.

▶ **미래 기억은 인간에게 어떠한 중요성이 있는가?**

▷ 미래 기억의 중요성은 과거-현재-미래라는 시간의 틀 속에서 자신의 모습을 볼 수 있다는 점이다. 미래 기억이 인간에게만 가능한, 독특한 특징인 이유는 훨씬 전으로 되돌아갈 수 있다는 점 때문이다. 자신이 강아지나 새끼 고양이였을 때를 기억하고 현재와 연결해서 2, 3년 후의 미래를 예상할 수 있는 동물은 없다. 오로지 인간에게만 가능한 일이다. 미래 기억의 가치는 자신의 미래를 미리 내다보고서, 그것을 현재와 연결하고 의미를 알 수 있다는 점이다. 미래를 바꾸기 위해 과거를 활용하는 것이다. 따라서 예전에 일어났던 일, 자신의 경험, 신경외과의가 되고 싶다는 과거의 소망에 대한 기억이 현재 자신의 행동을 만들어내는 것이다. 미래를 내다보고 '신경외과 의사가 되기 위한 공부를 마치면 얼마나 좋을까. 그러면 사람들도 많이 돕고 인류에 공헌할 수 있을 거야'라고 생각하는 것이다. 바로 이것이 미래 기억이다.

▶ **자신이 어떠한 모습이 될지 구체적으로 마음속에 그려보는 것이 중요한가?**

▷ 누군가가 신경외과의가 되면 어떨지에 대해 충분히 생각해 보지 않았다면 미래 기억을 활용할 수 없을지도 모른다. 무얼 가지고 시작하고 싶은지가 분명하지 않기 때문이다. 하지만 자신이 신경외과의가 되고 싶다는 걸 분명히 알고 있는 사람은 자신을 자극하고, 계속 앞으로 나아가고 열정을 유지하는 데 그걸 활용할 수 있다. 미래 기억과 작업 기억은 전부 뇌의 전두엽에서 작용한다. 전두엽은 뇌에서 가장 발달한 부분 중 하나다. 인간만큼 전두엽이 발달한 동물은 없다. 우리는 논리적으로 판단하고 추론하고, 현재에서 미래로, 또 과거로의 시간 여행을 통해 그걸 전부 미래 기억과 연결시키는 데 전두엽을 활용한다.

▶▶▶ 기억은 창조와 상상을 위해 존재한다

프랑스 파리 세느 강을 바라보며 눈을 감고 있는 남자가 있다. 한국인이 가장 좋아한다는 소설가, 베르나르 베르베르^{Bernard Werber}.

바다에서 초목들이 솟아나와 노랗고 붉은 색으로 금빛 물을 들이며
회오리를 이루는 모습이 보이며
연보라색의 큰 돛을 단 배들이 보이는데요.
이 배들은 머리 모양의 조각상으로 둘러싸여 있습니다.
돌고래들이 나뭇가지 사이를 헤엄치고
또 매우 높이 뛰어올라 배를 넘는 모습이 보입니다.
배 위에는 사람들이 많이 나와서 돌고래들을 구경하고 있습니다.
배 위에서는 불꽃놀이가 한창입니다.
그리고 이 배들은 흩어져 작은 섬에 도달하게 됩니다.
해가 집니다.
인어들은 암초 위에서 하프를 연주하고 있습니다.

그는 끊임없이 상상해낸다. 도대체 그의 머릿속 바다는 얼마나 풍성한 것일까? 그가 쏟아내는 작품들을 보더라도 분명 우리와는 다른 깊고 아름다운 바다를 가지고 있음이 분명하다.

베르베르에게 기억이란 상상을 넘어 자신의 삶에서 한 발 더 진화하는 중요한 것이다. 그는 기억을 통해 작품을 생산해내는데, 그 작업은 마치 플로리스트^{florist}와도 같다고 말한다.

바다에 대한 상상을 끊임없이 쏟아내는 작가 베르나르 베르베르.

"플로리스트는 꽃을 만들어내지 않는다. 다만 꽃을 선택하여 함께 묶어줄 뿐이다. 그렇게 이전의 꽃에서 전혀 다른 색, 다른 모습으로 또 하나의 새로운 꽃이 재탄생한다."

그에게 있어 자신의 작품도 이전의 기억들을 이리저리 모아 특별한 방식으로 엮는 작업일 뿐이다. 창조의 꽃다발을 만들기 위해서 낱개의 기억들은 꽃이 되는 것이다. 그는 아무것도 없는 곳에서는 창작이 일어날 수 없다고 말한다. 즉 제로 상태에서는 창조가 시작될 수 없다는 것이다. 따라서 창조라는 것은 기존에 존재하는 것들을 선별하여 새로운 방식으로 엮는 것을 의미한다.

이처럼 인간의 뇌 속에는 기억을 위한 멀티시스템이 있다. 이것은 사진처럼 저장되지는 않지만 저장하고 싶은 것만 선택해서 저장할 수 있다. 그렇기에 인간의 기억은 쉽게 바뀌고 왜곡되기도 한다. 또 인간의 기억에는 진화론적 생존원리가 숨어 있다.

너무 많은 것을 기억할 수는 없기에 선택과 집중을 통해 필요한 것만 기억하고, 살아남기 위해 자신에게 불리한 것은 기억하지 않고 오히려 자신에게 유리한 것으로 바꾸어 착각하며 산다. 뇌에 의해서 말이다. 이런 진화론적 선택에 의해 인간 기억은 특징만을 부호화한다. 그로 인해 동물과는 다른 기억시스템을 갖추게 되었고, 이 미스터리한 기억 시스템은 뇌의 네트워크 연결 구조를 통해 상상력과 창조력이라는 능력을 발휘하게 만든다. 이로써 인간은 미래를 그리고 계획하는 것이 가능하게 되었다.

▶▶▶ 미래 기억

최근 삼성미술관 리움에서 '미래의 기억들 Memories of the Future'을 주제로 한 전시회가 열렸다. 주로 '현재', '과거'와 관련된 '기억'이란 단어와 아직 일어나지 않은 일인 '미래'라는 단어는 언뜻 보기에도 서로 조합되기 쉽지 않은 단어다.

국내외 작가 11명이 기획한 이 전시회에서 작가들은 미래의 기억들이 어떤 형태로 존재하게 될지에 대해서 미술적 상상력을 발휘했다. 프랑스 작가 로랑 그라소 Laurent Grasso의 작품이기도 한 '미래의 기억들(네온 140·4500cm. 2010)'은 전시관 외벽에 'm·e·m·o·r·i·e·s·o·f·t·h·e·f·u·t·u·r·e'의 19개 대형 네온사인 알파벳 활자로 구성됐다. 과거와 현재, 미래를 잇는 시간의 흐름을 빛과 색으로 다듬어낸 이 작품은 사실 시간상의 개념으로는 불가능한 일이다. 미래는 아직 오지 않았기에 그것을 기억할 수 없는 일이다.

그러나 미래는 과거의 사건들에 의해서 변화될 수 있다. 미립자들의 연결인 끈string의 진동에 따라 우주가 변한다는 끈이론String theory에 따라 말이다. 그렇기에 인간의 의식이 과거와 현재, 미래를 관통해 기억하는 것처럼 로랑 그라소의 불가능한 기억의 구성도 가능해질 수 있다. 현재의 의미로 보자면 이 작품은 글자 그대로 '미래의 기억들'이란 의미가 되지만, 먼 미래에 이 글자들은 새로운 방식으로 다른 기호, 의미가 될 수도 있는 것이다.

아프리카 스와힐리족 사람들에 따르면 인간은 사후 '사사'의 시간으로 들어간다고 한다. 그들은 죽은 이를 기억하고 있는 사람들마저 모두 죽고 나면 비로소 망자가 영원한 침묵과 망각의 세계를 뜻하는 '자마니'의 시간으로 돌아간다고 말한다. 우리가 사랑하는 사람이 떠

> **tip**
>
> **베르나르 베르베르_ 월드사이언스 포럼 2008 서울 특별강연 요약 中**
> "인간의 뇌와 로봇의 인공지능을 구분해주는 것은 감정적인 측면이다. 인간이 컴퓨터 등 기계와 가장 많이 다른 점은 유머와 사랑, 예술 행위에 있다."
> "컴퓨터는 분명히 계산 기능, 기억 용량에 있어서 인간보다 훨씬 우월하지만 인간에게는 의식이 존재한다. 의식은 아직 많은 연구가 필요한 영역인 동시에 무한히 확장될 수 있는 영역이다."
> "인간의 뇌는 의식을 우주로 무한히 확장할 수 있는 잠재력을 가지고 있다. 각자 좋아하는 분야를 하나씩 찾아 매일 규칙적으로 그 일을 하고, 그 지평을 조금씩 넓히다 보면 놀라운 결과를 얻게 될 것이다."

나가고 그를 기억하는 우리들마저 사라지고, 우리를 아는 이들조차 없어진다면, 그때 '나'라는 존재는 무엇으로 기억될 수 있을까? 현재를 사는 우리에게 기억은 삶의 희망일까.

 기억은 나를 남과 구별해주는 삶의 꽃밭이다. 과거에 심은 꽃씨는 지금 이 순간, 그리고 먼 훗날 기억의 꽃으로 활짝 피어날 것이다. 기억은 오래된 미래다.

PART 2

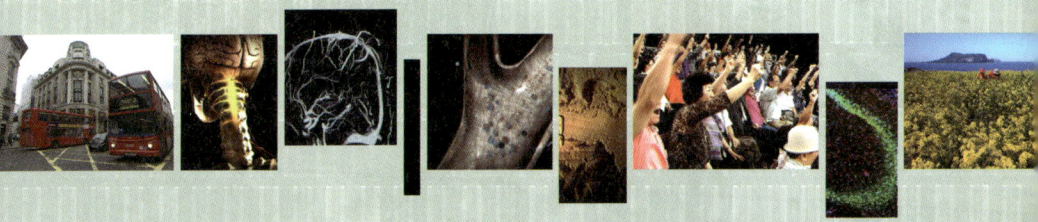

봄날은 온다

우리만이 사랑할 수 있고,
이전에 그 누구도 우리만큼 사랑할 수 없었으며,
이후에 그 누구도 우리만큼 사랑할 수 없음을 믿을 때
진정한 사랑의 계절이 찾아온다.
요한 볼프강 폰 괴테

우리의 봄날은 지금부터다.

 대한민국 **기억 상실**의 시대

▶▶▶ **머릿속의 지우개**

한 손에 열쇠를 쥐고 있으면서도 그 열쇠를 찾아 두리번거리는 자신을 발견하게 될 때, 그 시기가 중년을 넘어설 때 가슴이 철렁 내려앉는다.

'나 치매 아냐?'

치매와 건망증. 기억을 못한다는 공통점이 있지만 둘 사이에는 분명한 차이가 있다. 건망증은 행동에 주의를 기울이지 않아 아예 기억 저장이 불완전하여 생기는 것에 반하여, 치매는 신경세포의 파괴로 인해 저장에 문제가 생긴 경우이다. 치매는 자신의 기억력이 상실되었음을 알지 못한다.

그렇다면 잃어버린 기억을 다시 찾을 수는 없을까? 아니, 잃어버

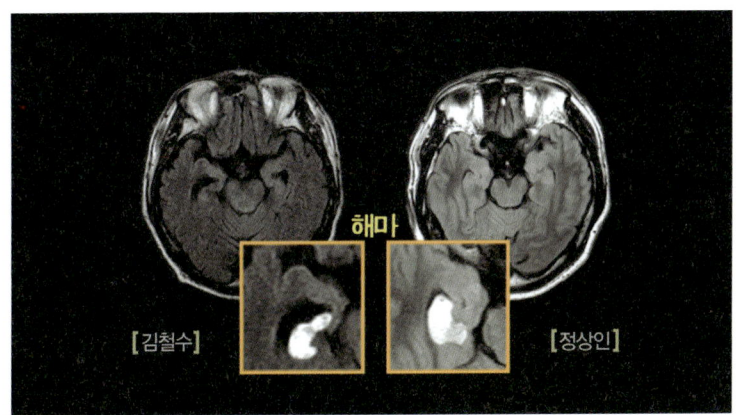

알츠하이머에 걸린 김철수 씨의 해마는 정상인에 비해 크기가 현저히 작은 것을 한눈에 알 수 있다.

리지 않도록 붙잡아둘 수는 없을까?

김철수 씨(가명, 72세)는 얼마 전부터 3년 가까이 살아온 자신의 집 현관 비밀번호를 잊어버리기 시작했다. 평생 운전대를 놓아본 적 없는 그였는데, 늘 오가던 길도 헤매기 일쑤다. 지금까지 살면서 아내 앞에서 큰 소리라고는 내본 적이 없는 그였다. 그렇게 법 없이도 살 사람이 점점 변해 간다. 완전히 다른 사람이 된 것이다.

그의 아내는 남편의 이상한 행동 때문에 걱정하던 끝에 검사를 받게 했다. 놀랍게도 그의 뇌 해마세포가 이미 30퍼센트 이상 죽은 상태였다. 알츠하이머였다. 치매로 불리는 이 병은 플라크^{plaque}와 탱글^{tangle}이 뇌세포를 공격해서 발생하는 질환이다. 알츠하이머 질환은 뇌에서도 특히 기억의 저장고라 불리는 해마를 가장 먼저 공격한다. 그래서 치매에 걸린 사람 대부분이 단기 기억을 잃게 된다. 그것이

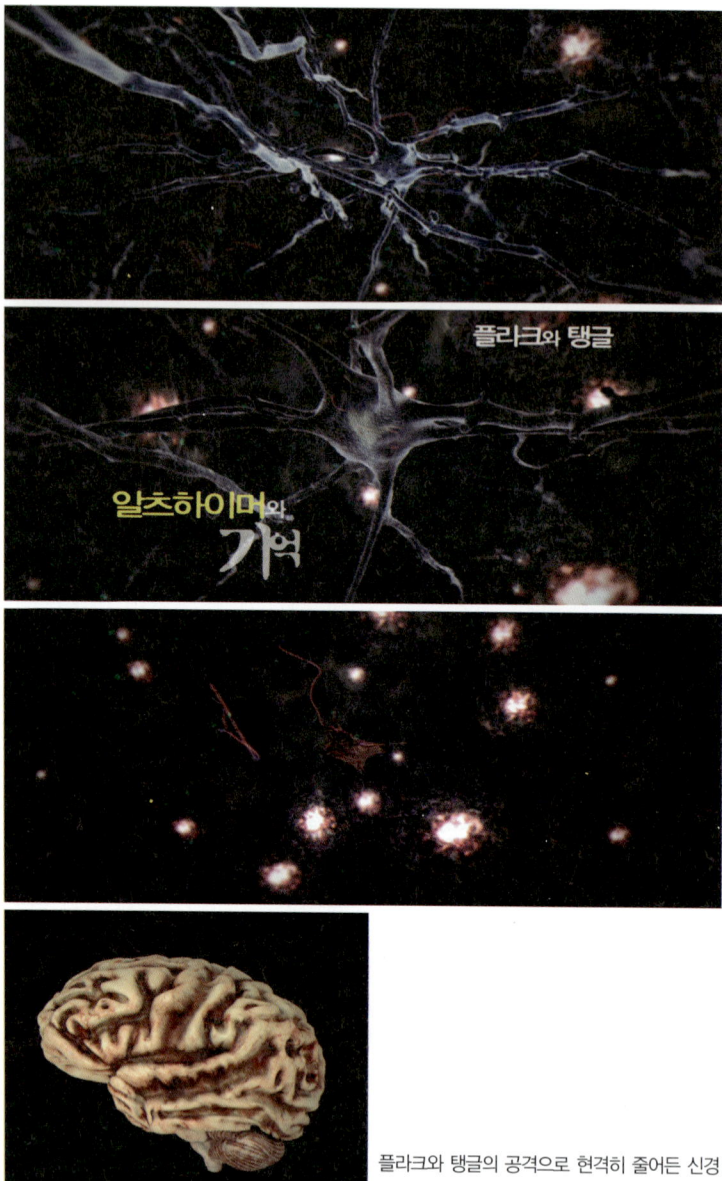

플라크와 탱글의 공격으로 현격히 줄어든 신경 세포와 손상된 뇌.

점점 뇌 전체로 퍼져 감정 조절을 못하고, 결국 오래된 기억마저 사라지게 만든다. 아내는 남편이 치매란 진단을 받은 후 하늘이 무너진 듯 좌절했다. 너무나 가슴이 아프고 힘들었다. 그토록 착실하게 살아온 사람이 이웃들에게 손가락질당하는 일이 생기지 않을까 겁이 났다. 하지만 정작 아내를 아프게 한 것은 남편이 그녀와 함께한 기억을 점점 잃어가고 있다는 사실이다. 남편의 사진을 보고 한눈에 반해서 만난 지 하루 만에 약혼, 그리고 40년을 함께 살아온 둘만의 아름다운 기억이 사라지고 있는 것이다.

▶▶▶ 알츠하이머성 치매의 역습

치매는 그 발생 원인에 따라 몇 가지로 구분한다. 이 중 알츠하이머성 치매Altzheimer's diseases가 가장 대표적이다. 그 다음 혈관성 치매가 뒤를 잇고, 이밖에 파킨슨성 치매Parkinson's diseases, 알코올성 치매alcohol diseases 등이 있다.

대개 질병의 이름은 그 병을 발견한 연구자의 이름에서 유래하는데, 알츠하이머성 치매 또한 그러하다. 이 병은 주로 뇌세포 기능이 저하되는 노인들에게서 많이 발병되는데 기억, 언어, 동작 같은 정신적 능력을 관장하는 뇌 부위에 문제가 생겨 나타난다.

이 질병은 신경세포 안에 과인산화hyperphosphorylation된 타우 단백질이 주성분인 섬유 뭉치가 생기는 모습을 관찰할 수 있다. 또한 신경세포 외부에는 아밀로이드 베타 단백질amyloid-beta protein이 주성분인 노인반senile plaque이 만들어진다. 이러한 신경세포 파괴활동은 주로 대뇌피질 영역에서 발생하게 된다. 따라서 생명과 직결된 부위나 운동 기능에 영향을 주는 신경세포들이 파괴되는 것은 아니어서 이 병이 심각해질 때까지 움직이고 생활하는 것 자체는 문제가 없다.

이 질병은 초기에 해마를 포함한 내측 측두엽에서 시작해 두정엽 lobus parietalis과 전전두엽으로 확대된다. 결국 감각피질sensory cortex과 운동피질motor cortex을 제외한 대뇌피질 전반으로 확산된다. 기억을 저장하는 해마가 손상되면 기억 장애가 일어나고, 특히 새로운 사실을 학습하는 기능을 상실하게 된다. 이후 외측 측두엽으로 확산되어 베르니케 영역wernicke area이 손상되면 언어 이해능력이 떨어지고, 급기야 가족을 비롯한 지인들과의 기억과 추억마저 하나둘씩 잊게 된다. 곧이어 두정엽의 퇴행이 시작되면 집을 찾는 일조차도 힘들어지

> **tip**
>
> **치매를 의심해야 하는 10가지 주의 증상**
> 1. 최근 정보를 잊어버리는 등 기억력이 떨어진다.
> 2. 익숙한 물건의 사용법이 생각나지 않는다.
> 3. 단순한 단어가 기억나지 않는다.
> 4. 동네에서 길을 잃어버리는 등 방향감각이 없어진다.
> 5. 판단력이 떨어진다.
> 6. 돈 계산 같은 단순한 일에 어려움을 느낀다.
> 7. 물건을 엉뚱한 곳에 놓는다.
> 8. 의심하거나 두려워하는 등 성격 변화가 있다.
> 9. 이유 없이 울거나 화를 낸다.
> 10. 멍하니 TV를 보거나 잠을 많이 자는 등 수동적이 된다.
> – 미국 알츠하이머협회

고, 왼쪽 두정엽이 파괴되면 동작 지식이 손상되는 실행증apraxia이 나타난다.

한편 전두엽 손상으로 인한 실행증도 있어, 복잡한 행동을 순서화하는 것에 실패하는 증상이 나타난다.

▶▶▶ 할아버지가 훨씬 더 자주 '깜박' 잊는다

인간은 나이가 들고 특별한 두뇌 활동 훈련을 하지 않으면 기억력이 저하되는 현상이 나타난다. 하지만 나이에 따른 기억력 저하에도 성별의 차이가 나타난다는 연구 결과가 있다. 즉 할머니에 비해 할아버지의 기억력이 더 빠르게 나빠진다는 것이다. 미국 미네소타의 마요치매클리닉센터 연구팀은 70~89세 2,050명 노인의 기억력과 사고능력을 측정했다. 또 이들의 교육수준, 질병 경력, 자녀 여부, 결혼 여부를 조사했다.

그 결과 전체 노인 가운데 14퍼센트가 인지능력 문제 초기 증상을 보였다. 그리고 10퍼센트는 초기 치매 증상이라는 결과가 나왔다. 성별로 나눴을 때 인지능력 손상은 남자가 19퍼센트인 반면, 여성은 14퍼센트로 남자가 1.5배였다. 교육 수준과 결혼 여부로 비교하면 교육 수준이 낮고 미혼 상태인 피실험자들의 인지능력 손상 비율이 교육 수준이 높고 결혼한 상태인 피실험자들의 그것보다 높게 나왔다.

또한 연구 결과 외에 확인된 또 하나의 사실은 남녀 구분 없이 70세 이상 노인 4명 중 1명은 기억력에 문제가 있는 것으로 밝혀졌다.

▶▶▶ 휴대전화 알람이 하루 수십 개, 워킹맘의 건망증

KBS 국악관현악단의 해금 연주자인 김미숙(가명) 씨 곁에 잠시 쉬는 시간을 빌어 단원들이 몰려들었다. 누구보다 악보를 정확하게 외우는 그녀의 노하우를 듣기 위해서다. 대부분의 단원들은 지휘자 선생님의 지적을 금방 알아채지 못하지만, 그녀는 바로 알아채고 정확하게 악보를 이해하고 외운다.

그녀는 "악보를 외우는 것이 아니라, 그냥 악보 자체를 머릿속에 넣는다"고 말한다. 자그마치 1시간 30분 정도 분량의 악보 전체를 말이다. 연주를 할 때마다 이미지로 기억된 악보가 마치 사진처럼 한 장씩 떠오른다.

그러나 자타공인 완벽한 기억력의 소유자인 그녀에겐 또 다른 삶의 모습이 있다. 바로 '알람공주'라고 불릴 만큼 수십 개도 넘는 알람에 의지해 생활하고 있기 때문이다. 그녀의 하루는 알람으로 시작해서 알람으로 끝을 맺는다. 아침 7시 알람이 울리자 딸을 깨우고 알람이 알려준 대로 영양제까지 챙긴다. 그것도 잠시, 또다시 울리는 휴

연주할 때는 완벽한 기억력을 자랑하지만, 하루 일과를 수십 개의 알람에 의지해야 하는 김미숙 씨.

대전화 알람 소리에 남편의 식사를 챙기고, 딸의 줄넘기 가방을 챙기고, 이번엔 서랍에서 옷을 꺼내어 딸의 등교를 도와준다. 몇 십 분 단위로 정해진 알람에 의존하고 있는 그녀. 남편은 그런 그녀를 보며 할 말을 잃는다. 그녀의 기억력이 허술해질수록 휴대전화에 저장된 알람의 개수는 늘어만 간다.

▶▶▶ 40대, 실직 후 찾아온 건망증

김미숙 씨와 마찬가지로 기억력과 필사적으로 싸우고 있는 또 한 사람이 있다. 40대 직장인인 구영철(가명) 씨다. 그는 한 쇼핑몰의 중역이다. 그가 총괄하는 매장만도 백 개가 넘는다. 그의 말 한마디에 정책이 결정될 정도니 누가 봐도 인정받는 사회생활을 해왔다.

그렇다면 사무실에서의 그의 모습은 어떨까? 그는 매번 출근 체크를 잊어버려 여직원에게 지적을 당한다. 바쁘니까 가끔 깜빡 잊을 수도 있는 일이라 여기기에는 정도가 심각하다. 출근 카드를 단말기에 체크하러 온 그가 이내 다시 사무실로 들어간다. 카드를 안 가지고 나온 것이다.

아무리 출근 체크를 얘기해 주어도 자주 잊어버리는 그를 위해 여직원은 아예 그의 컴퓨터 모니터에 '출근 체크 하세요'라는 메모까지 붙여놓았다. 그럼에도 그는 여전히 잊어버린 출근 체크를 위해 문밖을 '왔다 갔다' 한다.

도대체 백여 개의 매장을 돌며 상황을 날카롭게 체크하던 그의 모습은 어디로 사라진 걸까?

[미국 세계무역센터 테러 (2001년)]

9.11테러가 일어난 날 20년 다닌 직장이 부도나 하루아침에 실직자가 된 구영철 씨는 그후 건망증이 날로 심해졌다고 한다.

제작진이 그의 주변에서 일주일을 지켜본 결과, 그의 허술한 기억력은 비단 출근 체크에서만 그치지 않는다는 것을 발견했다. 그는 자주 생각의 갈피를 잃어버리는 듯 멍한 표정을 지었다.

어느 날은 아침 시간에 쫓기면서 머리를 감는데 아무리 머리를 감아도 거품이 안 나와서 보니 샴푸가 아닌 식기세척제로 머리를 감고 있었다. 또 하루는 회사에서 원래 다루어야 할 주제를 잊어버리고 다른 주제를 가지고 회의를 진행한 적도 있다. 가끔 그런 자신이 스스로도 이해가 안 되고, 왜 이렇게까지 되었는지 머리를 쥐어뜯어 보기도 했다. 그에게 도대체 어떤 일이 일어났던 것일까?

2001년 9월 11일 미국 뉴욕의 세계무역센터가 테러로 무너졌던 그날, 그도 20년 넘게 다녔던 직장이 부도나는 바람에 하루아침에 실직자가 되어버렸다. 그때 마침 방송에서는 9·11 테러에 대한 소식이 연일 보도되었다. 그는 그 화면을 볼 때마다 마치 비행기가 자신의 가슴을 폭격하는 듯 아파왔다. 미국의 자존심이자 세계 경제의 중심부인 뉴욕이 하루아침에 무너진 것처럼 그의 자존심도 무너져 버린 것이다. 그날 이후 그의 건망증은 날로 심각해져 갔고, 출근 카드를 제대로 챙기는 날이 손에 꼽힐 정도의 '깜빡임' 속에서 당황스러워하면서 살고 있다.

▶▶▶ 과도한 스트레스가 건망증을 키운다

회사의 과도한 업무로 상당수 직장인이 건망증을 호소한다. 사회 전반적으로 경쟁이 치열해지면서 과한 스트레스가 건강을 해치고, 주의집중력 약화로 우리의 기억을 무너뜨리고 있다.

우리의 뇌는 급격한 스트레스를 받게 되면 신장 위쪽에 있는 부신 adrenal gland에 신호를 보내 코티졸(코티솔)cortisol이라는 물질을 만들어낸다. 이 물질은 다시 머리로 가서 해마의 뇌세포를 공격하기 시작

> **tip**
>
> **코티졸과 건강의 상관관계**
> 우리 몸은 스트레스를 받으면 코티졸이라는 부신호르몬을 생성한다. 코티졸은 주로 면역계통 분야를 조절하는 역할을 하는데, 시간이 지나도 그 생성량은 큰 변화가 없는 호르몬 중 하나이다. 특히 코티졸은 흥분상태가 되면 분비되지만 다시 안정을 취하면 그 양은 줄어들게 된다. 반대로 우리 몸이 무기력증을 느낄 때는 적당량이 분출되어 기분 상승을 유도하게 된다. 따라서 적당한 자극은 우리 몸을 이롭게 만든다. 그러나 과다한 스트레스는 코티졸 분비를 상승시키고 이로 인해 면역력을 약화시키는 부작용을 초래하고, 이와 직접적 관계가 있는 심혈관 질환, 당뇨 등의 질환이 발생하기 쉬운 환경을 조성시킨다. 따라서 코티졸의 적당한 분비는 우리의 신체 활동을 상승시켜 기분을 좋게 만들고 면역력 향상에도 큰 도움을 주지만 이와 반대의 경우가 된다면 면역력 약화로 인해 건강을 해칠 수 있는 여지를 준다.

뇌가 급격한 스트레스를 받으면 신장 위쪽에 있는 부신에 신호를 보내 코티졸을 만들어내고 그 결과 신경세포가 줄어든다.

한다. 이로 인해 스트레스를 받으면 기억력은 급격히 떨어지게 되는 것이다.

한양대학교 신경과 김승현 교수는 장기간 스트레스를 받을 경우 코티졸이 계속해서 뇌로 올라가, 기억력을 관여하는 해마와 측두엽 부위에 문제를 일으켜 치매와 같은 심각한 장애가 올 수 있다고 경고한다.

▶▶▶ 주부 건망증

매번 열쇠와 휴대전화를 놓고 가서 집에 들락날락하기를 수십 번 하는 주부 박현주(가명) 씨는 매일 아침 이런 자신에게 화가 난다. 건망증 때문에 약속도 항상 늦는다. 주변 주부들의 모습도 그녀와 크게 다르지 않다.

아이들은 그런 엄마를 이해할 수 없다. '도대체 엄마는 왜 자꾸 그러냐'고 따지듯 물어올 때면 스스로도 답답하고 한심하다. 때로는 비참한 마음까지 든다.

많은 주부들이 기억력 감퇴에서 오는 건망증으로 인해 삶에 대한 자신감을 잃어가고 있다. 40대 주부 유상미(가명) 씨의 부엌에서의 모습은 건망증이 이미 습관이 되었음을 보여주었다. 그녀는 냉동실 문을 열어놓고 다른 일을 하는가 하면, 전자레인지에 음식을 넣고도 기억하지 못한 채 식사를 하고, 가스레인지를 켜놓고 거실에 갔다가 냄비가 타서 검은 연기가 피어오르는데도 이를 알아채지 못하고 다른 집안일에 여념이 없었다.

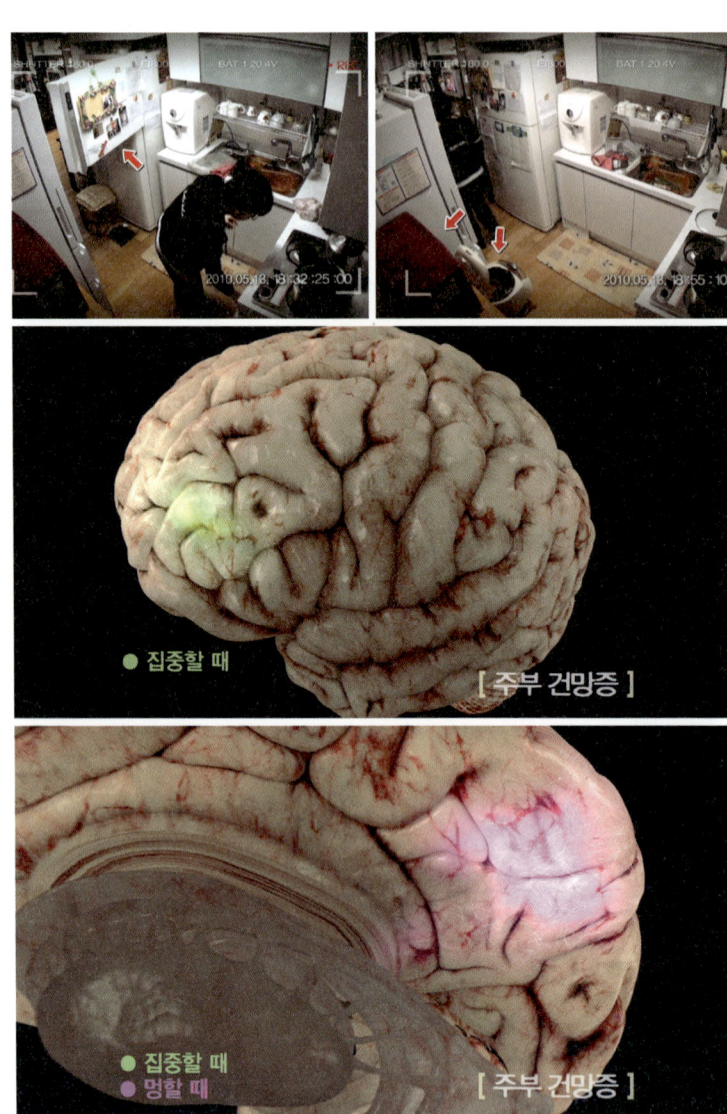

1, 2 주부라면 누구나 한번쯤 경험해 봤을 일상 속에서의 상황
3, 4 주부건망증시, 집중할 때 사용하는 배측면 전전두엽피질은 활동이 감소하고 멍할 때 사용하는 내측전두엽이나 두정엽은 오히려 활동이 증가한다.

어느 날은 까맣게 탄 냄비를 식구들한테 들킬까 봐 몰래 버리기도 했다는 그녀의 직업은 동화 구연가다. 하지만 얼마 전 자신이 가장 좋아하던 일을 그만둘 수밖에 없었다. 아이들에게 동화를 들려주다 자꾸만 중간에 이야기를 잊어버려서 '잠깐만 잠깐만'을 연발하는 자신을 깨닫는 순간 일에 대한 자신감이 사라졌다. 아이들에게 끊어졌다 이어지는 이상한 동화를 들려주는 것이 미안해 스스로 일을 그만두기로 결정했다. 하지만 그녀를 더 두렵게 하는 것은 따로 있었다. 그것은 바로 치매로 고통받다 죽음을 맞이한 가족들이 여럿 있다는 것이다.

2010년 8월 말, 그녀는 어머니를 저세상으로 먼저 떠나보냈다. 아버지, 외할머니 그리고 어머니마저 치매 증상을 보이다 돌아가셨다. 그렇기에 그녀는 자신에게 건망증 증세가 나타날 때마다 어머니와 아버지가 얼마나 고통스러워하며 돌아가셨는지가 떠올라 괴로워하고 있다.

이런 고민을 하고 있는 사람은 그녀만이 아니다. 주부인 방나현(가명) 씨도 50대가 되어가면서 현재 본인의 상태가 치매가 아닌지 겁이 난다. 그녀는 자신이 치매에 걸리면 힘들게 보살피지 말고 양로원이나 전문치료병원에 입소시켜 달라고 딸에게 부탁까지 했다. 따뜻한 가족으로서 모두가 아름다웠던 시절, 그 행복했던 기억마저 송두리째 망각의 늪으로 사라져버리는 것은 아닐지 두렵기만 하다.

그렇다면 많은 주부들의 걱정대로 건망증은 치매로 가는 동파의 례일까?

▶▶▶ '뒤돌면 잊어버리는 증상' 치매일까? 건망증일까?

많은 사람들이 치매와 건망증을 혼동하는 경우가 있다. 나이가 들면서 점차 심해지는 기억력 저하가 바로 치매로 이어지지 않을까 걱정하는 장년층도 많다. 증세의 정도만 다를 뿐 증상도 비슷하기 때문에 이것을 사실로 알고 오해하는 사람들이 많다. 그러나 더 이상 고민하지 말자. 결론부터 말하면 치매와 건망증은 원인부터 다르다.

건망증은 본인이 처리할 수 없을 정도로 정보량이 과도할 때나 스트레스를 많이 받고 일할 때 일시적으로 기억력 출력에 문제가 생기게 된 것이다. 이와는 다르게 치매는 생활을 영위하기 위해 필요한 판단력, 통찰력 등 전반적인 지적 능력에 문제가 발생한다.

이밖에 망각 증상에는 경도인지장애가 있는데, 이 질환은 신경세포 손상이 치매 증상과 같은 정도로 심각하지는 않지만 정상적인 상

> **tip**
>
> **알츠하이머와 건망증의 차이**
> 알츠하이머 질병은 플라크plaque와 탱글tangle이라는 변칙 단백질들이 뇌세포와 결합해서 뇌세포를 파괴하는 질병으로 잘 알려져 있다. 이와 같은 변칙 단백질들은 기억을 저장하는 해마를 공격해서 기억하는 작용에 심각한 문제를 일으킨다. 또한 언어, 감정, 장기 기억을 담당하는 부위 순으로 이동하면서 점차 뇌세포를 파괴하고, 결국에는 기억을 사라지게 만든다. 이와 다르게 건망증은 나이에 따른 뇌 활동 변화로 인해 나타나는 현상으로 볼 수 있다. 미션을 완수하기 위해 활동이 감소하는 부위인 내측 전두엽과 두정엽은 오히려 활동이 증가하고, 미션을 완수하기 위해 활동이 활발하게 이루어져야 할 배외측 전전두엽 피질은 활동이 감소하게 된다. 이로 인해 금방 한 일도 잊어버리게 되는 황당한 일들이 벌어지게 된다.

태와는 다르게 나타난다. 대부분 이러한 상황을 정상적인 노화와 치매의 중간 단계로 정의내리고 있다.

기억 손실과 경도인지장애의 또 다른 차이는 상실된 정보의 성질에 있다. 기억 손상으로 인한 건망증은 주변 지인들과 함께 만들어낸 추억과 기억을 출력해내는 것에 큰 어려움을 호소한다. 그러나 경도인지장애 환자들은 가족, 친구들과의 추억보다는 기념일 등 구체적인 정보를 기억 속에서 잊게 되는 것이다.

건망증은 뇌 훈련 등 본인의 노력과 의학의 도움으로 호전될 수 있다. 그러나 치매는 뇌세포의 본질적인 문제로 발생하였기 때문에 완치하기가 현대 의학으로는 힘들다.

> **tip**
>
> **기억력을 보호하기 위한 간단한 예방법**
>
> 1. 외부충격으로부터 머리를 보호하라.
> ⋯ 머리에 강한 충격을 주는 것은 기억 손상을 일으키며 이는 치매 위험성을 증가시킨다.
>
> 2. 혈관 흐름을 원활히 유지하라.
> ⋯ 뇌로 가는 혈관이 막히면 뇌중풍의 위험이 크며, 이는 치매로 이어질 확률이 높다.
>
> 3. 고혈압과 콜레스테롤을 관리하자.
> ⋯ 규칙적인 운동과 균형 있는 식사를 통해 뇌중풍을 예방해야 한다.

멀티태스킹의 함정

▶▶▶ 멀스태스킹 인간형은 괴롭다

애플사가 개발한 아이폰4가 기존 아이폰 사용자의 지대한 관심을 받는 이유 중 하나는 '멀티태스킹'기능 때문이다. IT기기가 발달하면서 우리는 누구나 멀티태스킹에 익숙해져 살아가고 있다. 문서작업을 하면서 음악을 듣고, 웹서핑을 하고 게임을 하면서 또 채팅을 한다. 또 트위터, 페이스북 등 각종 소셜네트워크를 통한 친구사귀

> **tip**
>
> **멀티태스킹**
> Multi : 2가지 이상
> Tasking : 일하다, 작업하다
> '동시에 2가지 이상의 일을 할 수 있다'는 뜻으로 '다중과업화'라고도 한다.

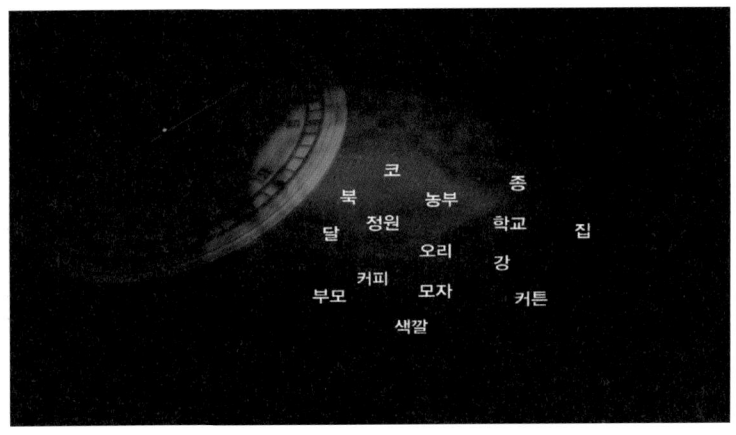

> **⋯▸ 단기 기억 한계 독자 참여 실험**
>
> 북, 코, 농부, 정원, 달, 오리, 부모, 커피, 색깔, 모자, 강, 종, 학교, 커튼, 집.
> 위의 15개 단어를 외워보세요.
> 1분 후 기억나는 단어를 최대한 많이 노트에 적어보세요.
> 사람의 단기 기억의 한계는 7개입니다. 여러분의 한계는 얼마인지 실험해 보세요.

기, 쇼핑도 한 번에 이뤄진다.

그렇다면 멀티태스킹이 과연 인간의 삶을 풍요롭게 만들었을까?

이와 관련해 과학자들은 '아니다'라고 말한다. 많은 양의 정보를 한꺼번에 계속 처리하다보면 인간의 사고 시스템이 달라진다고 경고한다. 친구를 앞에 두고도 휴대폰으로 계속 눈에 보이지 않는 이들과 대화를 시도하는 그 자리에는 진정한 관계설정이 어려워진다. 또한 항상 새로운 정보를 알기 원해 기기를 손에서 놓지 못하는 중독

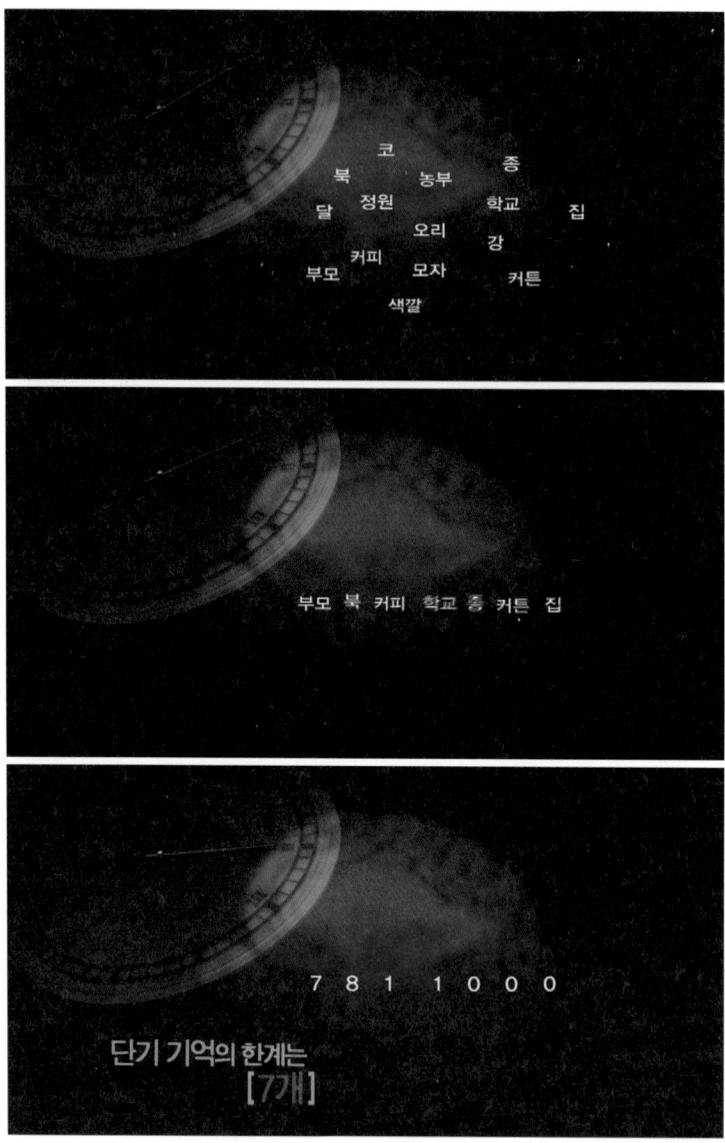

인간의 단기 기억 한계는 7개이다. 일곱 자리 전화번호 등 일상 속에는 그 한계를 위한 법칙이 숨어 있다.

현상까지 찾아온다. 잠깐 휴대폰을 두고 외출을 했다가 휴대폰 부재의 사실을 알았을 때 온통 머릿속에 휴대폰 생각만 들어 있다면 당신도 멀티태스킹 부작용을 의심해 봐야 한다.

생활을 편리하게 해주는 여러 가지 기기를 한꺼번에 운용한다고 해서 삶의 질 자체가 상승되는 것은 아니다.

▶▶▶ 한꺼번에 여러 가지를 해낼 수 있다?

정보가 들어오면 뇌 안쪽에 있는 해마로 전달돼 단기 기억이 만들어진다. 해마에서 만들어진 기억은 뇌 전체로 퍼진다. 그래서 해마를 '기억의 공장'이라고 부르기도 한다. 인간의 단기 기억은 7개가 한계이다. 전화번호나 요일이 7자리 수인 이유가 여기에 있다. 그렇다면 잠시 바쁘게 일을 하고 있는 한 직장인의 일상을 통해 현대인의 기억력의 한계를 확인해보자.

임수영(가명) 씨는 입사 3년차의 한 과학잡지 웹 담당 편집자다. 그녀는 2~3가지의 일을 동시에 하는 것은 물론이고, 이를 확인하기 위한 메모가 책상 주변에 가득하다. 그녀는 달력에 지금까지 자신이 했던 일과 해야 할 일들을 빼곡히 메모한다. 또 다른 작은 수첩에도 자주 연락하는 사람들의 연락처와 그들에게 어떠한 메시지를 보냈는지도 상세히 기록해 놓았다.

정리가 되는 효과가 있긴 하지만 도리어 메모를 하면서 '깜빡'할 때가 더 빈번하다. '써놓았으니까 괜찮겠지'라고 안심하고 사실과 상황을 쉽게 잊어버린다. 건망증이 심해져가는 그녀의 곁에는 항상 수

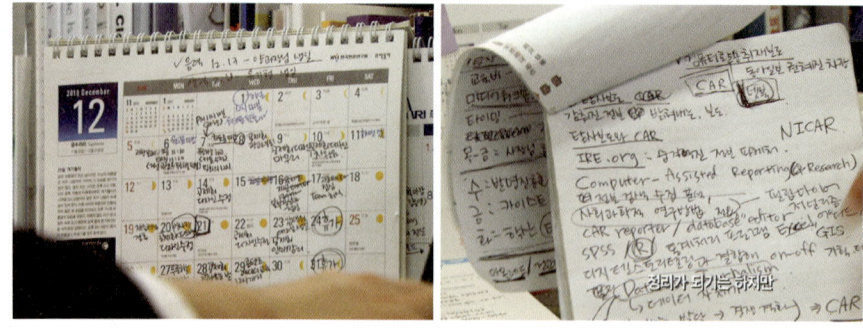

메모로 가득한 임수영 씨의 달력과 수첩. 메모해 두었다는 안도감에 오히려 기억하지 않는 것은 아닐까.

첩이 놓여 있다. 자신의 기억을 믿을 수 없기 때문이다.

그러나 그녀의 기억력이 처음부터 나빴던 것은 아니다. 그녀도 한때는 좋아하는 영화의 대사를 줄줄 외울 정도로 기억력에 자신이 있었다. 그렇다면 그녀의 빛나던 기억력은 도대체 어디서부터 사라진 걸까?

> **tip**
>
> **건망증을 개선할 수 있는 효과적인 예방법**
> 1. 스트레스로 인한 불안, 우울, 불면증을 관리하자.
> 2. 과음은 절대 금물.
> 3. 머리에 물리적 충격을 가하지 않도록 주의하자.
> 4. 흡연은 공공의 적. 규칙적으로 유산소 운동과 환기를 통해 좋은 공기를 흡입하자.
> 5. 영양소를 염두해 둔 유기농 식단을 생활화하자.
> 6. 폐경기 여성은 호르몬 치료를 게을리 하지 말자.
> 7. 여가 활동, 학습 활동 등을 통해 두뇌 활동을 지속적으로 유지하자.

▶▶▶ **디지털 치매**

　미국 스탠포드대학교 커뮤니케이션과의 클리포드 나스Clifford I. Nass 교수는 멀티태스킹을 하는 사람들은 뇌 구조가 특별하고 뇌 기능도 뛰어날 것으로 예상했다. 이러한 추론에 근거해 그는 멀티태스킹을 하는 사람들의 뇌를 연구하기 시작했다.

　그는 본 제작진이 실시하는 기억력 회복 프로젝트를 위해 특별히 한국 환경에 맞게 변형한 멀티태스킹 설문지와 테스트 도구를 보내왔다. 대학생 470명 중 나스 교수가 가려낸 멀티태스킹 그룹은 다음과 같았다.

　먼저 '멀티태스킹 그룹'으로 나뉜 이현재(가명) 씨는 컴퓨터 모니터 두 대와 텔레비전 뉴스를 항상 켜놓는다고 말했다. 역시 멀티태스킹 그룹으로 나뉜 김나현(가명) 씨도 휴대전화 문자 메시지, 메신저, 그리고 음악 듣기를 동시에 한다고 말했다. 심지어 종종 드라마를 보

tip

멀티태스커
취업·인사 포털 인크루트는 리서치 전문기관 엠브레인과 함께 직장인 2,026명을 대상으로 직장인의 업무량과 처리방식에 대한 설문조사를 실시했다. 그 결과 전체 직장인의 73.3%가 여러 개의 프로젝트를 동시에 처리하는 멀티태스킹 경험이 있는 것으로 나타났다. 특히 이들 멀티태스커의 상당수인 48.3%는 본인 스스로 '여러 일을 동시에 처리하는 것이 능숙하다'고 확신하고 있었다.
그러나 실험 결과, 멀티태스킹 경험이 있는 직장인들은 '복잡하고 깊은 사고를 하기 힘들다', '산만하고 주의력이 떨어진다', '조소하고 불인하디', '충동적으로 변한다' 등의 테스트 결과를 보여주었다.

멀티태스킹 그룹과 일반 그룹의 비교 실험 장면. 결과는 의외로 일반 그룹에서 정답자가 더 많이 나왔다.

면서 동시에 할 때도 있다고 한다.

실험을 하게 될 또 다른 그룹은 보통 한 번에 한 가지 일을 하는 것이 익숙한 사람들이다. 예를 들면 일에 집중을 하면 음악이 잘 안 들린다는 차미래(가명) 씨와 두 가지의 일을 동시에 하면 50:50이 아니라 30:30의 부족한 느낌을 받는다는 한은정(가명) 씨 등 '일반그룹'이다.

두 그룹에게 흰 티셔츠를 입은 사람들과 검은색 티셔츠를 입은 사람들이 섞여 있는 영상을 보여주고, 흰 티셔츠를 입은 사람들이 공을 몇 번 주고받는지 숫자를 세어달라고 요구했다. 과연 어느 그룹이 정답을 더 많이 맞혔을까?

먼저 멀티태스킹 그룹에 있었던 이현재 씨는 공을 차는 사람에 집중하기보다는 주위에 있는 풍경에 더 많은 관심을 두었다. 예를 들어 공을 차는 사람 대신 빌딩 모양이 바뀌는 것과 지나가는 행인에 집중했다. 같은 그룹에 속했던 김나현 씨 역시 공을 차는 사람보다는 쌍절곤 돌리는 사람이 나타나서 사라지고, 바위가 사라진 것에 집중했다.

이처럼 멀티태스킹 그룹은 본인들이 다양한 일을 동시에 한다고 생각하지만, 실제로 문제를 맞힌 사람들은 멀티태스킹 그룹보다 일반 그룹에서 더 많이 나왔다.

이와 같은 현상에 대해 나스 교수는 "멀티태스킹을 하는 사람들의 뇌는 심하게 뒤엉켜 있기 때문"이라고 지적한다. 워낙 다양한 자극들을 동시에 수용해야 하기 때문에 본인들은 '자신의 뇌가 매우 단정하

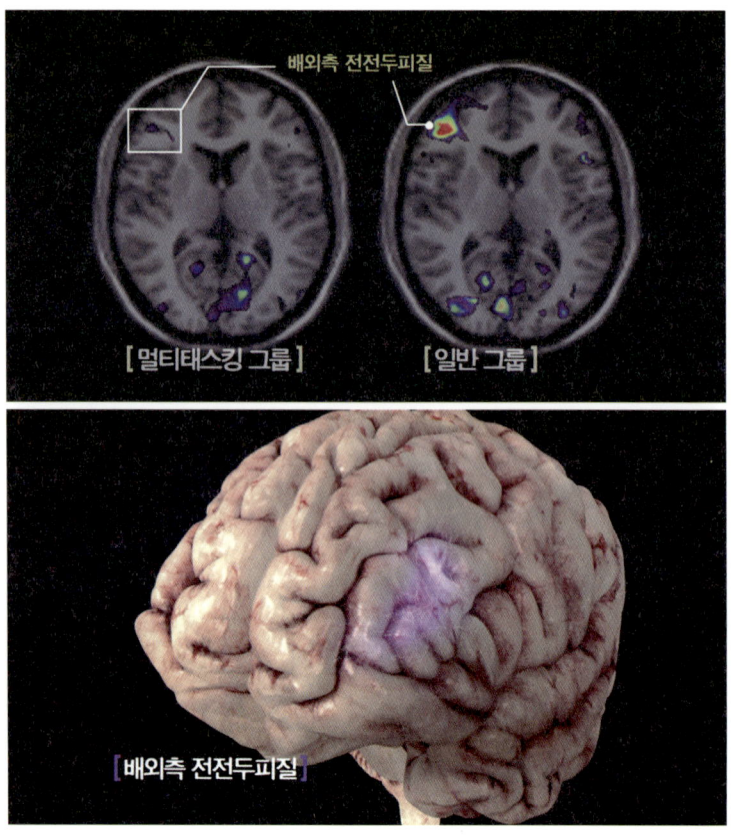

멀티태스킹 그룹과 일반 그룹의 MRI 사진. 어떤 일에 집중할 때 활성화되는 전전두피질이 활성화되지 않은 멀티태스킹 그룹을 볼 수 있다.

게 정돈되어 있을 것'이라 믿는다는 것이다. 하지만 결과는 매우 달랐다.

최첨단 뇌영상 기술을 개발한 가천의과학대학교 뇌과학연구소. 이곳에서 멀티태스킹 그룹의 머릿속을 살펴보기로 했다.

멀티태스킹 그룹의 뇌에서는 배외측 전전두피질이 활성화되지 않았다. 그곳은 어떤 일에 집중할 때 반드시 활성화되는 곳이다. 이런 상황을 김영보 교수(가천의과학대학교 뇌과학연구소 부소장)는 "무엇이든 다른 데이터를 언제든지 가져와서 조합할 수 있다고 생각하기 때문에 집중이 잘 안 되는 것"이라고 지적한다.

집중을 안 하는 것도 일종의 버릇이라는 것이다. 즉 집중을 안 하니까 기억력이 약해진다는 결론이다.

Interview #07

멀티태스킹의 함정

: 클리포드 나스 교수 (미국 스탠포드대학교 커뮤니케이션과)

멀티태스킹에 능한 이들은 실은 그런 작업에 능한 것이 아니었다. 그것은 놀라운 사실이었다. 기업에서는 멀티태스킹에 능한 인재를 원하고 있지만 실제로 그들의 뇌는 그런 작업에 능하지 않은 일반인과 별다를 것이 없다. 만성적 다중작업자는 동시에 수많은 매체를 활용하는 이들을 가리킨다. 즉 채팅, 음악, 페이스북, 웹, SNS, 글쓰기 등의 작업을 동시에 하는 이들을 말한다. 게다가 통화를 하면서 TV를 보고, 책을 읽기까지 한다. 반면 한 번에 한 가지 작업만을 고집하는 이들, 예컨대 오직 TV만 보거나 이메일만 보거나 1 대 1 채팅만 한다.

우리는 만성적 다중작업자와 그 반대 유형의 사람들의 뇌 구조의 차이를 살펴보기 위한 실험을 했다. 놀랍게도 연구를 거듭할수록 이들의 뇌에 매우 큰 차이가 있었다.

우리는 피험자들에게 글자들을 동시에 보여주면서 정확히 앞에서 세 번째의 특정 글자를 봤는지를 물어봤다. 글자를 늘려서 점점 더 어렵게 문제를 출제했다. 그 결과 멀티태스킹이 아닌 유형의 그룹에서 좋은 점수가 나왔다. 반면 멀티태스킹 그룹의 경우는 과제가 어려워질수록 점수는 점점 더 낮아졌다. 글자를 더 많이 보여줄수록 앞서 본 글자로 착각하는 경우가 많았다.

멀티태스킹 능력이나 기억력 향상을 위해 우리들은 집중력을 키워야 한다. 기억력뿐만 아니라 모든 사고력 향상에는 집중이 최선의 방법이다. 적어도 20분 이상 한 가지 일에만 집중하자. 그렇지 않고 이것저것 옮겨 작업하는 습관은 뇌에 매우 안 좋은 영향을 미친다. 흔히 그런 것이 뇌 기능을 강화시킬 것으로 믿지만 실제로는 악화시키는 것이다. 잡다한 일을 동시에 해서는 안 된다.

# 기억도 습관이다

▶▶▶ 내비게이션 없이 운전하는 택시기사

부산에서 복잡하기로 이름난 영도구의 한 동네. 이곳은 16만 명이 사는 동네로 고시촌 분위기가 나는 30년 된 집들이 고스란히 남아 있다. 개발지와 비개발지가 혼합된 복잡한 동네다. 골목이 워낙 복잡하기 때문에 내비게이션을 이용하면 오히려 길찾기가 더 어려워진다. 20년 넘은 부산 토박이가 내비게이션의 도움을 받아도 길을 헤매기 일쑤인 곳이다. 하지만 택시기사 금혁수(49세) 씨는 예외다. 그는 20년 넘게 내비게이션 없이 오로지 기억에 의지해 이 복잡한 골목을 자유롭게 누비고 다닌다.

골목의 세세한 부분까지도 기억하고 있는 그의 뇌는 일반인들과 무엇이 다른 것일까?

부산 영도 골목은 복잡하기로 유명하다. 내비게이션을 이용해도 길을 잃기 십상이다. 경력 24년의 택시기사 금혁수 씨는 오로지 기억력만으로 이 복잡한 골목을 누비고 다닌다.

그가 택시 운전을 한 지도 24년이 됐지만, 이 동네에서는 처음 가 보는 길도 많다. 하지만 그는 자신만의 '머릿속 내비게이션'을 따라 정확히 목적지까지 운행한다. 그가 처음 운전을 할 당시에는 부산 시 내에 아파트가 거의 없었다. 지금은 지역별로 한 단지씩 옛날에 있던 아파트 자리를 기준으로 구별하고 기억한다. 20년 전에 있었던 영도 뷔페 자리를 기억하고, 15년 전에 없어진 부산시청도 '구 시청 앞'이 라고 기억해서 자신만의 노하우로 '머릿속 지도'를 만들었다.

▶▶▶ 일반인의 뇌 vs 택시기사들의 뇌

내비게이션을 사용하지 않는 택시기사들과 내비게이션을 쓰는 일반인들의 뇌는 어떤 차이가 있을까? 우리는 해마에서 답을 찾았다.

택시기사들의 해마는 일반인에 비해 머리와 꼬리 부분이 더 발달했다. 이런 현상을 장건호 교수(경희대학교 강동병원 영상의학과)는 "택시기사의 경우 반복적으로 해마를 사용함으로써 머리와 꼬리가 더 발달했다"고 설명한다.

부산에서 내비게이션 없이 25년 이상 운전한 택시기사 10명과 일반인 10명을 대상으로 '북천카센터 → 동방회식당 → 부산광역시 동래구청'까지 길을 따라 운전한다는 상상을 하라고 요청한 후 이들의 fMRI 자기공명영상를 촬영했다. 단, 처음에는 목적지, 경유지, 도착지 3곳의 지도를 다 보여주고, 그 다음 특정 구역만 보여주는 형식으로 온 길과 갈 길을 머릿속에서 기억해 길을 찾아가도록 유도했다.

MRI를 이용하여 삼차원 뇌 정밀 구조 영상을 얻어 해마의 체적을 자동적으로 구하고, 두 군 간의 체적의 차이를 비교했다. 그 결과 왼

택시기사와 일반인의 해마 차이에 대해 설명하는 장건호 교수.

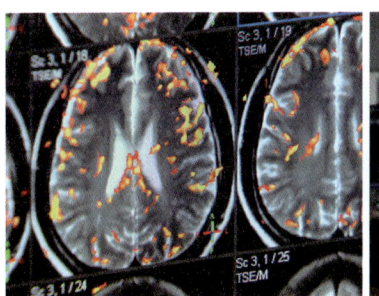

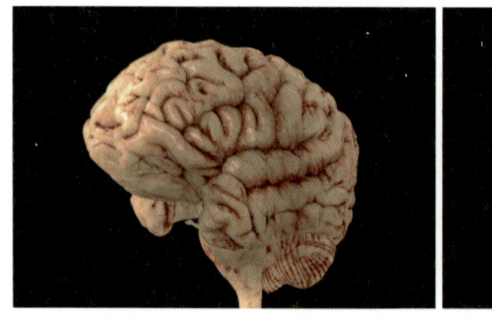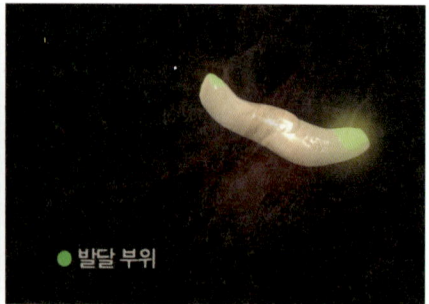

● 발달 부위

택시기사의 해마의 머리 부분과 꼬리 부분이 크게 나타난 것을 알 수 있는 삼차원 뇌 정밀 구조 영상.

쪽 해마의 크기는 두 군 간에 동일하게 나타났으며, 오른쪽 해마의 크기도 두 군 간에 통계적으로 차이가 없었다. 따라서 두 군 간 해마 전체 체적의 크기는 유사하였다.

또한 삼차원 뇌 정밀 구조 영상을 얻어 해마의 모양을 뽑아내고, 두 군 간에 차이를 비교했다. 그 결과 택시기사들에게서 해마의 머리 부분 및 꼬리 부분이 일반인보다 크게 나타났다.

해마의 머리 부분에서 담당하는 뇌 기능은 새로운 정보를 표현하는 기능으로, 해마 머리 부분에 문제가 있으면 기억력 장애를 유발할 수 있다. 특히 해마 머리 부분에 이상이 생기면 언어 기억력 장애가 발생할 수 있다. 언어에 대한 이해 및 회상과 관련된 기억을 관장하는 것이 해마 머리 부분에서 하는 중요한 기능 중 하나이다.

또한 해마 머리 부분에서는 연상 기억 혹은 연관 기억을 담당하고 있는데, 뇌의 여러 부위와 연결되어 관련된 기억을 관장하는 곳이기도 하다. 또 실행 기능 혹은 집행 기능을 담당하고 있어 작업 기억에

Interview #08

부산 택시기사 10명, 일반인 10명 fMRI 실험

부산에서 네비게이션 없이 25년 이상 운전한 택시기사 10명과 일반인 10명을 대상으로 '북천 카센터→동방회식당→부산광역시 동래구청'까지 길을 따라 운전하는 상상을 하도록 요청하고, 그동안 이들의 fMRI를 촬영했다.

• 두 집단에게 냈던 문제들

1) 전체 지도   2) 줌인해서 출발지와 경유지만 보이게   3) 이동, 경유지만 보이게

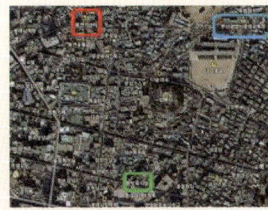  

4) 다시 이동 도착지만 보이게   5) 다시 줌아웃

• 실험 결과

3D로 구현한 부산 택시기사의 해마. 꼬리와 머리 영역이 일반인보다 발달돼 있다(빨간색 영역).

대한 정보 혹은 행동에 대한 집행 및 감시를 하는 중요한 영역이다. 마지막으로 뇌의 전전두엽과 직접적으로 연결되어 있어 전전두엽에서 실시되는 여러 기능을 관장하는 중요한 역할을 한다.

해마의 꼬리 부분은 공간 기억력을 담당하는 것으로 알려졌으며, 주위에 대한 위치 정보 및 방향 정보에 대한 이해력과 익숙한 장소를 찾는 데 도움을 주는 곳이다. 또한 해마의 꼬리 부분에서는 특정 정보에 대한 회상을 관장한다. 예를 들어, 자동차 키를 어디에 두었는지 모르는 것은 이 영역의 기억력이 떨어진 것으로 생각할 수도 있다. 따라서 해마의 머리 및 꼬리 부분이 크면 이들 기능이 상대적으로 잘 유지되는 것으로 생각된다.

또한 fMRI를 이용하여 혈액 중 산소량의 변화에 따른 뇌 기능 자기공명영상 신호를 측정했다. 특정 뇌 부위에서 뇌 기능이 일어나면 혈류량이 증가하고, 그에 따라 상대적으로 혈액 내 산소량이 증가한다. 이에 따른 자기공명영상 신호의 증가를 평가하는 방법이다. 이 방법은 방사선 동위원소를 사용하지 않으면서 높은 공간 및 시간적 해상도를 보여주는 것이 특징이다.

본 실험에서는 일반인과 20~30년 경력의 택시기사들에게 특정 지역의 지도를 보여주고 본인이 실제 운전한다는 가정으로, 한 지점에서 다른 지점을 경유하여 특정지점을 찾아가는 과제를 주고 뇌 기능 자기공명영상을 얻었다.

두 그룹 간의 뇌 기능 차이를 비교한 결과, 택시기사 그룹에서는 방추상회Fusiform gyrus 영역이 활성화되어 나타난 반면, 일반인 그룹에서는 이 영역이 활성화되지 않았다. 방추상회 영역은 ①색에 대한 정보를 분석하고 ②사람의 얼굴이나 몸을 인지하고 ③단어나 숫자를 인지하고 ④특정영역을 인식하는 기능을 담당하고 있다. 따라서 택시기사 그룹에서 방추상회 영역의 뇌 기능이 증가되어 있다는 것은 본인들의 직업과 관련이 있다고 볼 수 있으며, 이들이 지도를 보고 목표 지역에 대한 정보를 인식한 것이다. 따라서 이 실험 결과에서 측두엽의 지속적인 사용이 뇌 기능의 향상을 불러왔다는 것을 발견할 수 있었다.

▶▶▶ 런던의 택시기사들

세계에서 가장 복잡한 거리라 불리는 런던. 런던의 30~40년 경력 택시기사들의 '머릿속 지도'를 조사한 결과 흥미로운 사실이 밝혀졌다.

런던은 일반인, 특히 외국인들에게는 매우 복잡한 길이지만 택시기사들은 여유롭게 골목 구석구석을 누빈다. 그들에게 위성 내비게이션은 필요하지 않다. 모든 길이 머릿속에 저장되어 있기 때문이다. 런던 도로는 매우 좁고 복잡한데, 이들은 수년간 운행 훈련을 한다. 런던 택시기사가 되기 위해선 필요한 사항들을 배워야 하는데, 공부하는 데만 해도 족히 3~4년이 걸린다. 그래서 우리나라와 달리 런던에서 택시기사 면허를 받으려면 장기적인 목표를 세워야만 한다. 런던의 택시기사가 되기 위해서는 7만 개 이상의 길과 건물을 외워야 하는 어려운 시험을 통과해야만 한다. 결국 계속 반복해서 길을 외워

런던의 복잡한 거리 전경과 블랙캡 택시기사들

야만 런던에서 택시기사를 할 수 있는 것이다.

그렇게 반복 훈련을 하다 보니 머릿속에 그 누구보다 정확하게 지도가 각인되었다. 이렇게 대학에서 학위를 받는 것이나 다름없는 까다로운 시험을 통과한 택시기사 역시 일반인들에 비해 해마의 뒷부분이 더 크다.

런던의 한 택시기사는 "나는 사람들의 얼굴이나 이름을 잘 기억하는데, 거의 사진 같은 기억력"이라고 말한다. 그가 제일 좋아하는 음식은 닭고기, 생선, 채소 샐러드 같은 건강식인데 특별히 기억력에 좋은 음식은 아니다. 그는 자신의 기억력이 좋아진 이유를 수년간 런던에서 운전을 하면서, 여러 도로를 익히고 연습했기 때문이라고 생각한다.

그런 현상을 택시기사 사이에서는 'war 영향'이라 부른다. 계속 반복에 반복을 거듭하다 보면 결국 머릿속에 남는다는 뜻이다. 내비게이션에 의존하지 않고 본인의 머릿속 지도를 응용해 운전하는 그들의 모습이 참으로 여유롭다.

택시 손님들은 "도로가 너무 복잡하고 좁은 런던 길을 한 치의 착오 없이 정확히 찾아다니는 기사들이 참으로 경이롭다"고 감탄한다.

Interview #09

택시기사들의 뇌에는 내비게이션 영역이 있다

: 휴고 스피어스 교수 (런던대학교 인지신경학과)

▶ **런던 택시기사들에 관한 어떠한 연구를 했는가?**

▷ 뇌 스캔을 통해 런던 택시기사들의 해마 부분이 일반인에 비해 크다는 것을 발견했다. 그들 뇌의 활동을 측정하기 위해서 런던 거리 이미지를 거대한 MRI이미징 장치에 도입했다. 런던을 스캐너에 도입해서 그들이 어떻게 이용하는지를 연구했다. 결국 해마가 런던을 기억하는 데 중요한 역할을 한다는 것을 알았고, 택시기사에게 영향을 줬다는 사실도 알았다. 그들은 길을 생각하는 순간 자신의 전체 경험을 이용했다.

▶ **택시기사와 일반인 뇌 구조는 어떠한 차이가 있는가?**

▷ 런던 택시기사는 일반인과 뇌 구조가 약간 달랐다. 같은 나이에 같은 지능지수를 가진 일반인들과 비교했을 때, 머리 뒤쪽으로 해마가 더 컸고 전뇌는 약간 작았다. 전반적으로 해마 크기는 같았지만 구조적으로 달랐다.

▶ **큰 해마를 갖고 태어난 사람은 기억력이 더 좋을까?**

▷ 런던에서 택시 운전을 오래한 사람일수록 해마가 더 컸지만, 큰 해마를 가지고 태어났다고 해서 그런 능력이 있다는 의미는 아니다. 해마가 작은 운전기사와 해마가 큰 운전기사 두 사람에게 같은 양의 정보를 주입했을 때 차이가 나는지에 대한 연구는 현재 진행 중이다.

▶ **독특하게 길을 암기하는 택시기사들이 있는가?**

▷ 길을 찾을 때 각기 다른 기억력을 이용한다는 것을 알았다. 어떤 기사는 런던의 특정 장소를 가야 한다고 할 경우 순식간에 모든 길을 마음속으로 줌인하면서 길을 상상한다고 말했다. 또 다른 기사는 하늘 위에서 내려다보는 상상을 하며 길을 찾는다고 말했다.

기억력 회복 프로젝트

▶▶▶ 인간의 노화

인간이 나이를 먹어 늙고 죽음에 이르는 과정은 그 누구도 피할 수 없는 삶의 과정이다. 단, 태어나는 것에는 시간 차이가 있지만 노화의 차이는 부모로부터 물려받은 체질과 본인의 노력으로 그 시간을 더디게 만들 수는 있다. 인간은 뇌와 더불어 각종 장기의 무게가 나이가 들면서 가벼워진다. 90세인 사람의 간 무게는 30세인 사람에 비해 50퍼센트 작아진다. 반면 뇌의 무게는 30세인 사람에 비해 80퍼센트로 감소율이 적은 것으로 알려져 있다. 노년에 일어나는 뇌 무게의 감소는 주로 대뇌피질, 해마, 소뇌피질cerebellar cortex, 중뇌midbrain의 흑질substantia nigra 등의 영역에서 일어난다.

한 연구에 의하면 인간은 30세 이후부터 매일 10만 개 이상의 신

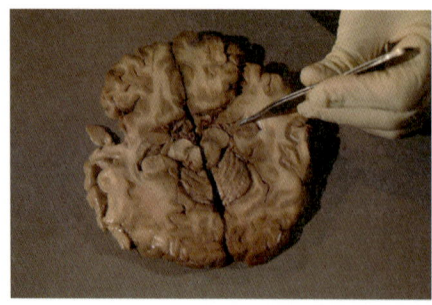 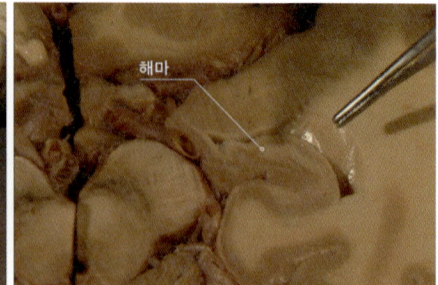

사람 뇌의 무게는 나이가 들면서 가벼워지는데, 뇌 무게의 감소는 대뇌피질, 해마, 소뇌피질, 중뇌의 흑질 등에서 일어난다.

경세포가 죽는다고 한다. 그러나 특이한 사항은 신경세포의 수가 감소하더라도 남겨져 있는 다른 신경세포가 죽은 신경세포의 역할을 감당해 낸다는 사실이다. 물론 그것의 부작용으로 기억력과 인지기능이 떨어지는 것은 사실이다. 그러나 지능 자체에 문제가 찾아오는 것은 아니다.

▶▶▶ 158인의 도전

2010년 8월 29일, 궂은 날씨에도 불구하고 기억력을 되살리기 위해 158명(처음에 모인 사람들은 500여 명, 이들 중 인지검사를 통해 선발되어 프로젝트에 참여한 사람은 158명)이 모였다. 그들은 멀어져가는 기억을 붙잡기 위해 필사적으로 '기억력 회복 프로젝트'에 참가했다.

먼저 KBS 아나운서인 박지영(가명) 씨는 아나운서임에도 카메라 앞에 서면 자신이 무슨 말을 해야 할지 하얗게 잊어버렸다. 예전 그의 기억력에 비하면 너무나 황당한 상황이다. 대형 쇼핑몰의 팀장인

기억력 회복 프로젝트를 위해 스튜디오에 모인 158명

구영철(가명) 씨 역시 비슷한 증상이다. 그는 얼마 전 한 영화를 보고 감동 받아 눈물을 흘리기까지 했지만, 5층인 영화관에서 1층까지 내려오는 동안 눈물이 채 마르기도 전에 왜 자신이 눈물을 흘리고 있는지 그 이유를 잊어버렸다. 분명 영화를 보았는데 어느 부분에서 감동을 하고 눈물이 났는지 기억나지 않았다.

주부인 민들레(가명) 씨 역시 그렇다. 언젠가 자기 눈앞에서 세 명의 아이들이 놀고 있었다. 그녀는 '참 예쁜 아이들이네. 도대체 누구네 집 아이들이지?' 하고 생각했다. 한참 동안 아이들이 노는 모습을 보고 있다가 그녀는 깜짝 놀랐다. 그 아이들 중에 바로 자신의 외손자가 있었기 때문이었다.

주부인 김지영(가명) 씨도 심각한 건망증 때문에 하루를 무의미하게 보내고 있다. 그녀는 저녁 때 자신이 하루 종일 무엇을 했는지 생각해 보면 아무것도 기억나지 않을 때가 많다. 커피전문점을 운영하는 한민성(가명) 씨 역시 건망증 때문에 스트레스를 받는다. 그녀는 아직 결혼도 안 했고 해야 할 일도 많은데, 자주 기억을 잊어버리는 습관 때문에 자신의 일을 제대로 처리하지 못할 때가 많아 스트레스가 심하다. 환갑을 맞은 강민순(가명) 씨는 앞으로 이삼십 년은 더 살아야 하는데 기억력이 자꾸만 감퇴되어서 자신의 삶의 질이 떨어질까 봐 두렵다.

우리는 이들의 기대와 바람을 도와줄 국내 최고의 의료진을 한 자리에 모았다. 그들은 모두 뇌와 노화 분야의 전문가들이다. 그리고 서울, 경기, 광주, 부산 등 총 6개 병원에서 기억력 회복 프로젝트를 진행하기로 했다. '기억력 회복 프로젝트, 봄날은 온다!'라는 타이틀로 참가자들은 총 8주 동안 전문가의 지시에 따라 특별한 운동 프로그램과 다양한 두뇌 훈련을 받았다. 컴퓨터 게임을 이용한 두뇌 훈련으로 양손으로 마우스를 사용한다거나, 100개 나라의 국기와 수도를 외우고, 일기도 꼬박꼬박 써야 하는 훈련이었다. 이러한 작은 행동들을 통해 그들의 기억력은 정말 향상될 수 있을까?

Information

병원별 두뇌 훈련 프로그램

한설희　　이은아　　김승현　　김희진　　정지향　　김태유　　김병채

- **건국대학교 병원, 대구대학교병원 : 컴퓨터 인지 프로그램**
  모바일 기기를 이용한 두뇌 자극 프로그램
  한설희(건국대학교 병원/ 대한치매학회 이사장/신경과 과장/광진구 치매지원센터장)
  김홍근(대구대학교 재활심리학과 교수)

- **일산 해븐리 병원 : 왼손 사용 브레인터치**
  우뇌 활성화를 유도하는 컴퓨터 프로그램
  이은아(삼성서울병원 신경과 전임의 역임 / 일산 해븐리병원 원장)
  조문경(일산 해븐리병원 신경과 / 해븐리두뇌연구소 실장)

- **한양대학교 병원 : 댄스 스포츠**
  활발한 신체 움직임과 함께 스텝을 암기하는 댄스 스포츠
  김승현(한양대학교 신경과 과장, 주임교수 / 보건복지부 지정 난치성신경계질환 세포치료 센터장 / 성동구 치매 지원센터장)
  김희진(한양대학교 신경과 교수 / 성동구 치매지원센터 정책전문의)

- **이화여자대학교 목동병원 : 밸런스 훈련**
  몸의 균형을 잡아주는 밸런스 훈련 프로그램
  정지향(이화여자대학교 목동병원 신경과 부교수 / 강서구 치매지원센터장)
  최경규(이화여자대학교 목동병원 신경과 과장·주임교수 / 양천구 치매지원센터장)

- **부산 윌리스병원, 전남대학교 병원 : 브레인헬스 인지학습지**
  기억 등 다양한 인지영역을 활성화시켜 주는 학습문제 프로그램
  김태유(부산 윌리스병원 원장 / 신경과 전문의)
  김병채(전남대학교 병원 신경과 교수)

'기억력 회복 프로젝트, 봄날은 온다'에서
실시한 다양한 프로그램들.

▶▶▶ **술에 취한 20대 의대생**

기억력 회복 프로젝트에 참여하고 있는 이세창(가명) 씨는 전국에서 내로라하는 수재들만 간다는 서울의 한 의과대학 4학년생이다. 어릴 적부터 물리를 좋아했던 그는 '물리 천재'라고 불리기도 했고, 중학교 때는 각종 경시대회에 출전하여 수없이 많은 상을 휩쓸었다. 우수한 성적으로 의대생이 된 그였지만, 현재 초등학생도 풀 수 있는 문제에 난감해 하며 기억력과의 치열한 싸움을 치르고 있다.

그의 기억력이 처음부터 이 정도로 나빴던 것은 아니다. 사선을 넘나드는 환자가 하루에도 몇 명씩 찾아오는 응급실. 이세창 씨는 고도의 집중력을 요하는 병원 응급실에서 실습을 하는 동안 상당히 힘겨워했다. 바쁜 응급실에서 환자를 돌봐야 하는 의사임에도 불구하고 자신이 할 수 있는 일을 찾지 못한 채 당황하곤 했다. 마치 자신이 짐처럼 느껴졌다.

이대로라면 과연 의사가 될 수 있을지도 걱정하고 있다. 매 학기마다 겨우 커트라인을 넘겼고, 항상 유급에 대한 두려움을 가지고 시험공부를 하니 잠도 제대로 자지 못한다. '성적을 제대로 받지 못하면 유급을 당하고, 1년을 다시 해야 된다'라는 압박감이 그를 힘들게 한다. 열심히 공부해 보자고 다짐하지만, 다시 멀어져만 가는 희미한 기억의 늪에서 허우적거리고 있는 자신을 발견한다.

공부에 대한 스트레스가 쌓여갈수록, 기억력과의 전쟁이 필사적일수록 그는 술에 의지한다. 술을 먹고 어젯밤 일을 기억하지 못하기를 수십 번. 아침에 일어나면 어떻게 집으로 들어왔는지조차 기억나지

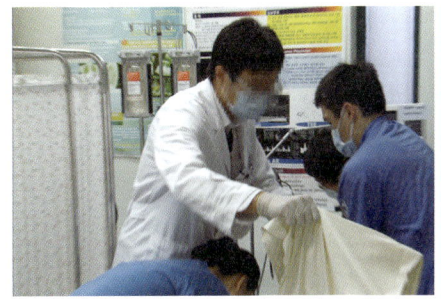 

술 자리가 잦아질수록, 마시는 술의 양이 많아질수록 기억력은 더 감퇴된다.

    않는다. 기억 전체가 편집된 느낌이다. 어제는 친구들에게 라면까지 끓여줬다는데 여전히 그의 기억엔 없다.

    지난밤 그의 기억은 끊어진 것이다. 그렇게 뇌가 궤도를 잃고 방황할 때 기억은 어디로 향하고 있었을까?

    이런 일을 자주 겪으면서 그의 기억력엔 문제가 생겼다. 외우는 거

> **tip**
>
> **블랙아웃**
>
> 흔히 '필름이 끊긴다'고 말하는 단기 기억상실을 의학 용어로 '블랙아웃Black Out'이라고 지칭한다. 알코올은 뇌에 있는 신경전달물질의 기능을 변화시켜 대뇌 부위를 일시적으로 마비시킨다. 이후 대뇌의 측두엽 해마 부분에 직접 영향을 미쳐 뇌의 정보 입력 과정에 이상현상을 일으키게 된다.
>
> 쉽게 말해 작업을 하고 있던 컴퓨터 전원이 갑자기 꺼져 파일이 날아가버리는 황당한 사건과 비교해 설명할 수 있다. 따라서 새롭게 입력한 정보만 손실되고 기존에 저장되었던 정보를 재생시키는 것에는 당장 문제는 없다. 그러나 이러한 현상이 지속된다면 장기 기억에도 손상을 줄뿐더러 기억을 저장하는 그 자체의 기능마저도 위협을 받을 수 있다.

라면 자신 있던 그였는데, 이제는 무엇을 외운다는 생각만 해도 큰 벽을 만난 것처럼 답답해 숨고만 싶다. 이제 국가고시도 100일 앞으로 다가왔다. 국가고시에 합격해야만 그는 의대생이 아닌 진짜 '의사'가 될 수 있다. 그러나 지금 그는 자신의 기억력을 믿을 수 없다. 아버지 전화번호도 이젠 기억이 나질 않는다.

그는 이번 기억력 프로젝트를 희망의 끈으로 생각하고 있다. 기억력을 되살리는 것보다 다시 태어난다는 각오를 다지고 있다. '인간 갱생 프로젝트'에 임한다는 생각으로 그는 자신의 마음을 다잡는다.

▶▶▶ 기억을 솔솔 지우는 알코올

'아침에 눈을 뜨니 지난밤 술자리에서의 일이 기억나지 않는다.'
'집에 언제 어떻게 돌아왔는지 아무리 생각해도 모르겠다.'

술을 즐겨 마시는 사람이라면 누구나 한번쯤 이런 실수를 해보았을 것이다. 처음에는 조심해서 마셔야지 하는 생각에 술잔을 세어가면서 속도를 줄이지만, 어느 새 술을 마시고 있다는 사실조차 잊은 채 분위기와 술에 빠져 술잔은 늘어만 간다. 어른들은 이런 상황을 보면서 '사람이 술을 마시는 것이 아니라, 술이 사람을 마신다'라고 하며 술버릇이 좋아야 한다고 아랫사람을 타이른다.

실수를 할 수는 있지만, 이것이 습관이 되고 지속된다면 자칫 신체적, 정신적 피해를 입게 되는 경우가 생긴다. 또한 위험에 노출되어 범죄와 사고에 연루될 가능성도 높아진다. 술이 나를 지배하고 있을 때는 모든 판단력과 인지력이 더 이상 나의 것이 아니기 때문이다.

술은 어떻게 인간의 기억을 빼앗아갈까?

'필름이 끊기는 현상'은 해마에서 기억을 입력하는 과정에 문제가 발생한 것이다. 알코올의 어떠한 성분이 직접 우리 몸을 공격하고 파괴하지는 않는다. 다만 신경세포 사이의 신호 전달 메커니즘에 이상을 일으킨다. 이러한 현상이 지속되면, 즉 알코올중독에 빠지게 된다면 티아민thiamine이 부족해져서 술을 마시지 않아도 필름이 끊기는 '베르니케 코르사코프 뇌증Wernicke-Korsakoff syndrome'에 걸리게 된다. 또한 이 상황이 지속되면 알코올성 치매에 걸릴 확률이 높아진다. 음주 습관은 본인의 건강을 위해 반드시 올바르게 유지되어야 하며, 이는 곧 가족을 포함한 주변 이웃들의 안전과 행복과도 직결된다.

> **tip**
>
> **알코올**
>
> 보통 음식은 우리 몸 여러 장치들을 통해 소화되지만, 알코올은 소화가 되지 않고 혈장을 통해 세포 또는 신체 조직 속으로 흡수된다. 알코올이 체내로 들어가면 약 20% 정도는 위벽을 통해 바로 혈관으로 흡수되고, 나머지 80%는 소장에서 흡수돼 혈액을 따라 온몸으로 퍼진다. 그 결과 혈액 압력이 상승하고 심장이 빨리 뛰면서 우리의 몸은 흥분 상태가 된다. 특히 뇌는 다른 장기들보다 많은 양의 피를 필요로 하기 때문에 그만큼 알코올의 영향을 크게 받는다. 알코올이 다량 함유된 혈액이 시냅스에 영향을 주면 정상적인 활동을 할 수가 없고, 감정조절 또한 어렵게 된다. 몸에서 분해할 수 있는 양을 초과하게 되면 알코올은 아세트알데히드Acetaldehyde와 아세트산Aacetic acid으로 완전히 분해되지 않는다. 이후 이 물질들은 해마의 신경세포 재생을 방해하고 기억을 저장하는 기능을 저하시킨다. 따라서 술을 마시고 기억이 상실되는 일들이 반복되다보면 뇌에도 심각한 손상을 안겨주게 된다. 이는 알코올성 치매로 발전하게 될 가능성이 높다. 알코올성 치매에 걸린 뇌를 들여다보면 비정상적으로 쪼그라들면서 뇌실이 넓어진 모습을 볼 수 있다.

▶▶▶ **주부 알코올 중독증**

40대 주부인 김지영(가명) 씨는 기억력 회복 프로젝트를 찾은 절박한 참가자 중 한 사람이다. 그녀는 설거지를 하다 말고 갑자기 찬장을 뒤지더니 곧 물을 마시듯 소주를 따라 마신다. 비틀거리며 가스레인지로 가서 고등어를 굽다가 또 술을 들이킨다.

그녀의 집에서는 어렵지 않게 빈 술병들을 발견할 수 있다. 그녀는 TV 앞에서 문득 감정이 격해졌는지 울기 시작한다. 그녀에게서 지독한 고독과 외로움이 느껴졌다. 그녀는 마치 벌판에 버려진 것 같은 느낌이라고 말한다. 이불을 덮고 누워서도 울음을 그치지 못하는 그녀가 찾은 유일한 위로는 술이다. 그러나 술이 그녀에게 준 것은 위로가 아닌 심각한 기억력 감퇴라는 두려운 현실뿐이다.

알코올에 젖은 그녀의 뇌 해마 세포는 정상인에 비해 40퍼센트나 쪼그라들었다. 3단 케이크처럼 돌돌 꽉 차 있어야 하는 해마가 확연

tip

음주로 인한 뇌 손상

음주로 의한 뇌 손상은 남성보다 여성에게 더욱 치명적이다. 노스캐롤라이나주립대학교, 노스캐롤라이나대학교, 듀크대학교 등 3개 대학의 공동 연구기관인 RTI 플래너리 박사팀이 이와 같은 사실을 밝혀냈다. 연구팀은 알코올 중독인 남녀와 정상인 남녀를 대상으로 뇌 기능 검사를 진행했다. 이번 연구에서 술을 자주 마시는 남성에 비해 이와 비슷하게 마시는 여성이 인지 능력, 시각에 의한 기억력, 공간계획력, 문제해결 능력 등이 저하되는 것으로 나타났다. 이는 남성의 경우 체내 수분이 여성보다 많아 알코올의 영향을 잘 희석시키기 때문이고, 또한 여성은 남성에 비해 알코올을 비활성물질로 전환하는 효소량이 더 적기 때문인 것으로 분석됐다.

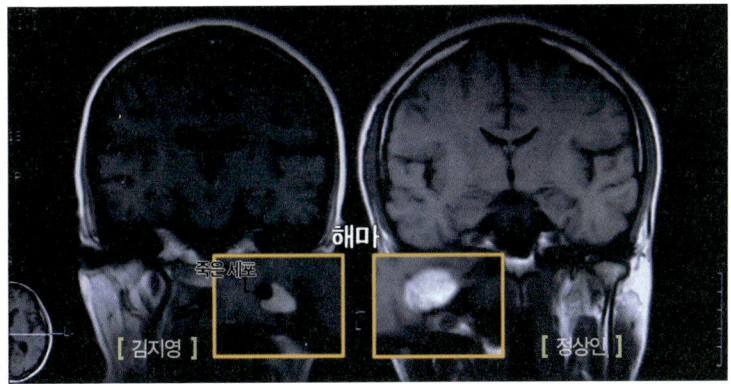

정상인에 비해 40퍼센트나 줄어든 김지영 씨의 해마 세포.

히 줄어든 것이 확인되었다. 이제 그녀는 40대 후반에 불과하지만 뇌의 해마 나이는 70대 알코올성 치매로 진행하고 있다. 이러한 가운데 그녀는 기억력 회복 프로젝트에 참가하게 되었고, 시간이 흐를수록 조금씩 예전의 밝았던 모습으로 돌아오고 있다.

▶▶▶ 알코올이 뇌에 미치는 영향

그렇다면 해마에 알코올이 들어가면 어떤 일이 일어날까?

술을 마시면 알코올은 혈관을 통해 간으로 들어간다. 간에서 알코올이 제대로 분해되지 않으면 아세트알데히드^{Acetaldehyde}라는 물질이 생긴다. 이 물질이 특히 뇌의 해마를 공격해서 아예 기억 자체가 만들어지지 않는 것이다. 알코올과 기억력과의 관계를 더 확실하게 알아보기 위해 쥐 행동 실험을 해봤다.

3주 동안 알코올을 섭취한 쥐와 그렇지 않은 쥐를 수중 미로에 넣

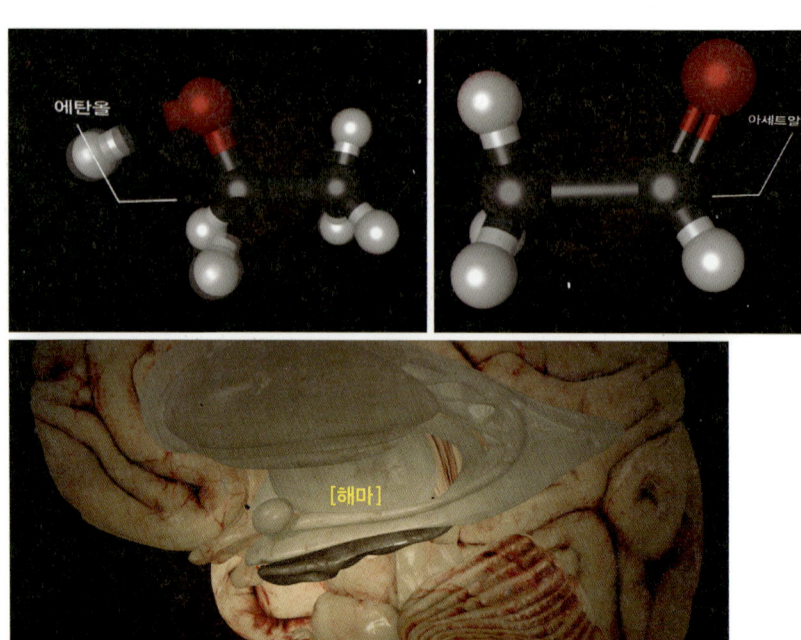

알코올에 의해 생성된 아세트알데히드는 해마를 공격해 기억이 만들어지는 것을 방해한다.

고 비교하는 실험이었다. 알코올을 섭취하기 전 두 마리 쥐 모두 목표지점을 찾는 훈련을 받았다. 그런데 알코올을 섭취한 쥐는 목표지점을 찾지 못했다. 이번엔 쥐의 뇌를 해부해 염색해 보았다. 알코올을 섭취한 쥐가 정상 쥐에 비해 초록색 띠가 얇은 것이 확인된다. 약 10퍼센트가량 뇌의 신경세포가 줄었기 때문이다.

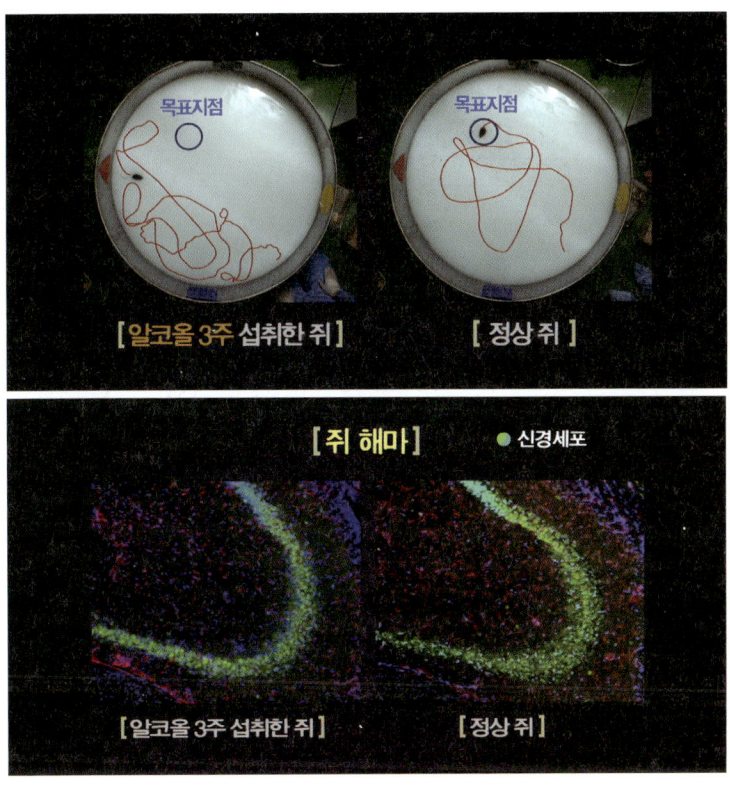

알코올을 섭취한 쥐는 뇌의 신경세포가 줄어들어 초록색 띠가 정상 쥐에 비해 더 얇다.

▶▶▶ 뇌 손상이 기억력에 미치는 영향

오랜 세월 동안 과학자들은 뇌 손상에 대한 연구에 매달렸다. 뇌가 손상됐을 때 어떤 사람은 회복을 하고, 어떤 사람은 왜 더 심각해지는지 밝히기 위해서였다. 하지만 그것은 매우 어려운 일이었다. 이러한 가운데 뇌 신경세포 재생에 관한 획기적인 연구 결과가 발표되었다.

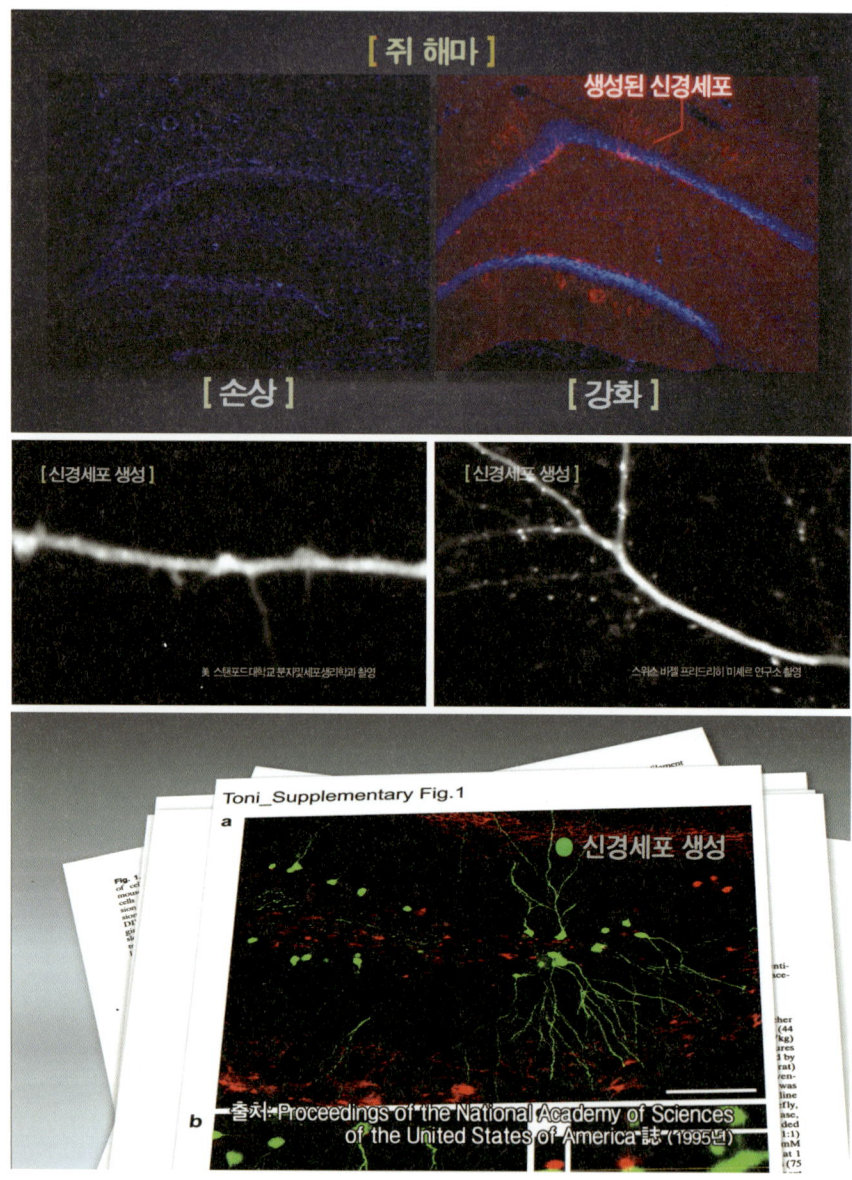

뇌 손상을 입은 쥐에게 강한 자극을 주어 해마에서 새로운 신경세포가 생성되는 모습.

신경세포 재생 실험을 실시한 로버트 서덜랜드 교수.

뇌 손상을 입은 쥐에게 강한 자극을 주면 해마에서 새로운 신경세포가 생성되는 모습이 포착된 것이다. 1992년 《사이언스》지에 처음 발표된 이 희소식은 기존의 손상된 뇌 세포는 결코 회복될 수 없다는 불변의 진리를 뒤집는 것이었다. 그 당시 논문 〈해마 신경세포 생성〉에서의 뇌세포의 생성 발견은 뇌 과학의 혁명이었다.

캐나다 레스브리지대학교의 로버트 서덜랜드 교수는 신경세포 재생에 대한 현상은 오직 해마에서만 일어난다고 발표했다. 연구팀은 기억력을 담당하는 뇌 기능을 손상시킨 쥐에게 6주간 기억력 강화 훈련을 시켰다. 그리고 다시 검사해 보니 손상된 뇌를 가진 쥐의 기억력이 정상 수준으로 되돌아왔다. 강화훈련을 한 쥐의 해마를 보면 손실된 과립세포granule cells가 전부는 아니지만 대부분 재성장한 것을 볼 수 있었다. 이는 뇌세포가 재생성되면 기억력까지 되살릴 수 있다는 사실을 반영한 것이다.

잘 **기억**하고 잘 사는 법

▶▶▶ **기억, 되살릴 수 있다**

　8주간의 기억력 회복 프로젝트가 어느새 6주차에 접어들었다.
　한양대학교 병원 김희진 교수는 여러 나라의 국기 카드를 사용하여 참가자들의 두뇌를 훈련시켰다. 기억력을 높이는 강화훈련 방법 중 하나로 100개 나라의 국기와 수도를 외우는 것을 택했다. 비슷비슷한 국기 모양과 낯선 이름을 외운다는 것은 머리에서 쥐가 날 정도로 힘든 일이었다. 그러나 뇌세포가 살아나려면 이처럼 강도 높은 훈련은 필수다.
　도지숙(가명) 씨는 어린 손자들의 도움을 받으며 열심히 훈련에 임했다. 손자들이 국기 카드를 들고 있고, 그녀는 나라 이름을 맞추기 시작했다. 혹시 그녀처럼 나이 든 사람들에게는 100개의 국기 카드

100개 나라의 국기와 수도를 외우는 훈련

를 외우는 것이 불가능한 일이라고 생각하는가? 물론 쉽지 않은 일이다. 하지만 인지적 자극을 주게 되면 나이 든 뇌에서도 해마의 신경세포가 활발하게 가지치기를 한다는 과학적 사실을 잊지 말아야 한다.

▶▶▶ 꾸준한 학습으로 뇌를 되살려라

최근 뇌에 대한 관심이 커지면서 뇌의 특성을 이해해야 그 능력을 효과적으로 조절하고 발휘할 수 있다는 생각이 학교 공부법에도 적용되고 있다. 뇌의 특성에 맞추어 공부하면 학습 효과를 높일 수 있다는 것이다. 교육전문가들은 공부를 잘 하는 학생과 부진한 학생 간의 지능지수에는 큰 차이가 없다고 말한다.

대한치매학회 이사장인 건국대학교 병원 한설희 박사 역시 학습과 기억력은 긴밀한 관계라고 말한다. 우리가 새로운 것을 습득하려면 이 정보를 고스란히 담아낼 수 있어야 한다. 즉 기억력이 제대로 작동되어야만 하는 것이다. 그런데 이러한 학습에 있어서 가장 중요한 것은 동기와 반복이다. 젊을 때는 한두 번 들어도 금방 기억할 수 있지만, 나이가 들면 이러한 능력이 점차 줄어든다. 따라서 신체적 결핍을 극복하고 기억을 나의 것으로 만들기 위해서는 꾸준한 반복 학습이 중요하다.

▶▶▶ **뇌는 늙지 않는다**

최신 연구들은 노화하는 뇌, 손상된 뇌에 대해 희망의 메시지를 쏟아낸다. 그렇다면 뇌를 잘 관리하여 좀 더 우아하게 늙어가는 것이 가능하지 않을까?

75세의 조장희(가천의과학대학교 뇌과학연구소 소장) 박사는 고령임에도 불구하고 한겨울이면 스키를 즐기고, 매일 걸어서 연구소까지 출근한다. 엘리베이터가 있는데도 그는 계단을 이용한다. 웬만하면 자동차나 엘리베이터를 멀리하고 걷는 쪽을 택한다.

세계에서 가장 선명하게 뇌를 볼 수 있는 고해상도 PET 영상 연구

> **tip**
>
> **노인의 뇌는 절전모드**
>
> 뇌세포들은 나이를 먹어가면서 기능이 떨어진다. 노년의 뇌는 젊은 뇌보다 활동성이 떨어진다. 자연히 삶에 대한 패기도 줄어들고, 말도 느려지며, 집중력과 반응 속도도 떨어진다. 그러나 신체 능력이 떨어진다고 해서 머리가 나빠지는 것은 아니다. 특별한 질병에 걸리지만 않는다면 뇌가 만들어내는 능력은 오히려 좋아진다. 빠른 판단보다는 적합한 판단 능력이 강해지고, 전체적 인생 경험에 따른 지혜를 밑바탕으로 종합적인 인지 능력이 크게 발달한다. 나이가 든다고 해서 뇌가 함께 늙어가는 것은 아니다.

조장희 박사의 수업 장면.

가인 조장희 박사에게는 늘 '세계 최초'란 수식어가 따라다닌다. 그는 젊은 제자들도 외우기 힘든 117개의 원소기호를 막힘없이 외우는 것으로 그의 첫 강의를 시작한다. 기억력의 문제로부터 자유로워지는 방법에 대해 그는 명쾌하게 대답을 던져준다. "뇌세포가 많이 죽어봐야 전체의 10퍼센트 안팎이기 때문에 사실 아무것도 아니다. 20퍼센트 더 생성시키면 된다"고 자신 있게 말한다.

그의 말대로라면 새로운 뇌세포 생성을 통해 죽은 10퍼센트를 모두 보상받을 수 있기 때문이다. 기억력 감퇴를 나이 탓으로 돌리기에는 우리의 뇌는 너무나 신비롭고 영리하다.

▶▶▶ 꾸준히 운동하고 기억하라

기억력을 되살리는 방법 중 학습 못지않게 강조되는 것이 바로 운동이다. 운동은 현재까지 밝혀진 기억력을 높일 수 있는 가장 훌륭

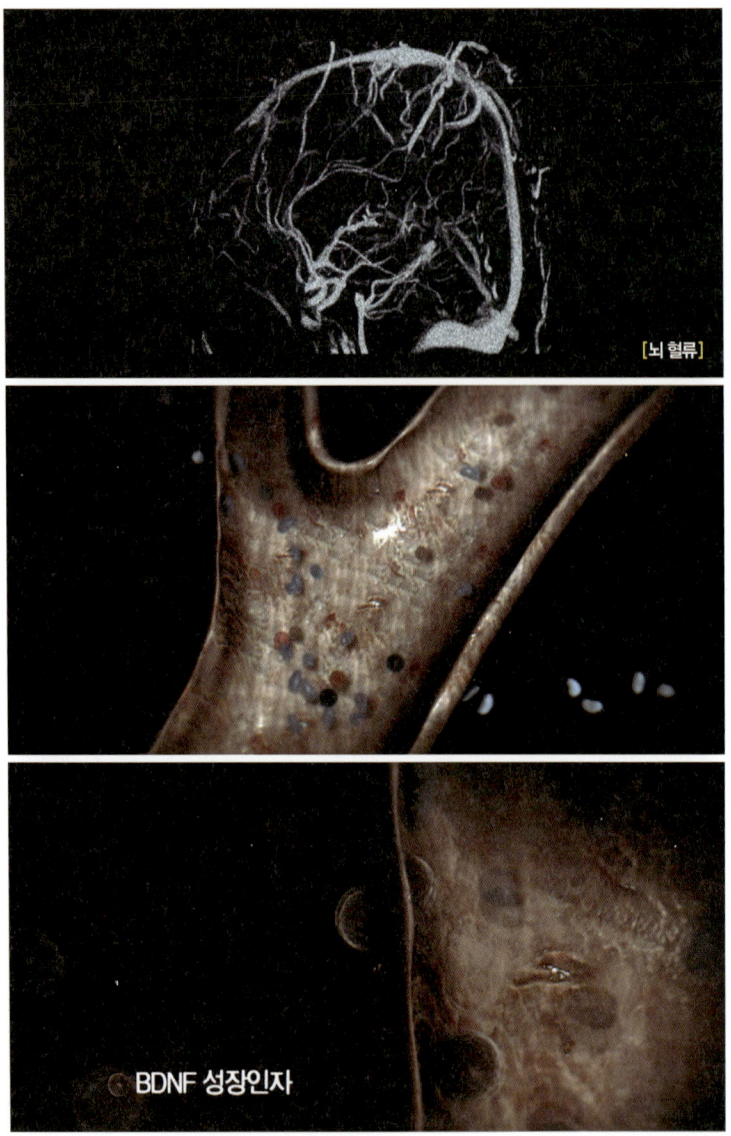

[뇌 혈류]

BDNF 성장인자

규칙적인 운동은 뇌 전체에 혈류를 증가시켜 성장 인자인 BDNF를 발생시킨다. 성장 인자는 새로운 뇌세포를 증식시키는 원동력이 된다.

한 방법이다.

조장희 박사는 "뇌는 우리의 전체 몸에 2퍼센트가 안 된다. 그러나 심장에서 나오는 피의 20퍼센트가 머리로 간다. 뇌가 상대적으로 10배 많은 피를 받아가는 셈이다. 따라서 운동을 하면 제일 혜택을 많이 받는 곳이 바로 뇌이다"라며 신체 운동을 하면 뇌가 운동하게 되는 것이라고 강조한다.

규칙적인 운동은 뇌 전체에 혈류를 증가시킨다. 그때 성장 인자인 뇌유래 신경영양인자$^{BDNF,\ brain\ derivated\ neurotrophic\ factor}$가 발생하고, 이것이 새로운 뇌세포를 증식시키는 원동력이 되는 것이다.

치매 초기 진단을 받았던 김철수(가명) 씨와 그의 아내는 열심히 스포츠댄스에 열을 올리고 있다. 처음에는 어색하게 시작했지만, 지금은 흥겹게 리듬을 타고 스텝 하나하나 순서를 놓치지 않는다. 부부는 기억력 강화를 위해 배우고 있는 스포츠댄스가 부부관계를 더욱 돈독하게 만들어주는 기회까지 선물했다며 행복해 한다. 또한 어렵게 배운 스포츠댄스를 잊어버리지 않도록 집에서도 매일 연습할 것이라고 마음을 다진다.

프로젝트가 시작되면서 구영철(가명) 씨도 새로 구입한 운동화를 신고 한 시간을 걸어 통근열차를 탄다. 열차 안에서도 그는 한시도 쉬지 않고 꾸준히 노래가사를 외운다. 술 때문에 심각한 뇌 손상을 입었던 김지영(가명) 씨도 아들의 도움을 받아 100개의 국기 카드를 외우고 있다. 학습지에 그림을 그리는 박은혜(가명) 씨도 매일매일 그림을 기억하고, 하루의 일과도 꼼꼼하게 기록하고 있다.

Interview #10

운동은 왜 기억력 회복에 좋은가?

: 정지향 (이화여자대학교 목동병원 신경과 부교수)

▶ **왜 신체 운동을 하면 뇌 기능이 증진되는가?**

▷ 단기적·장기적 변화가 있지만 먼저 단기적인 변화는 뇌 혈류량이 증가하는 것이다. 뇌로 가는 혈류량이 많아지면 신경세포에 대사로 이루어지는 포도당 등 여러 가지 영양성분이 많이 갈 것이고, (일시적으로) 신경세포가 풍족해지기 때문에 기능도 증진된다. 그것이 지속적으로 계속된다고 하면 뇌의 영양성분이 많아지게 되고, 신경세포 간의 연결고리도 상당히 늘어나게 된다. 신경세포에서 나오는 신경세포의 다리, 즉 시냅스 간에 활성화 고리가 많아지는 것을 '신경계의 가소성nervous system plasticity'이라고 한다. 가소성이 늘면 신경세포의 숫자는 줄어도 신경세포에서 나오는 다리가 많아지기 때문에 연결고리 채널이 많아진다. 그렇게 되면 신경세포가 가지고 있는 정보가 더욱 빨리 전달되기 때문에 인지 기능이 좋아질 수 있다.

▶ **운동을 하면 육체적 건강만 생각하는데 정신적으로는 어떠한가?**

▷ 운동을 많이 하면 락틱에스디Lactic Acid, 즉 젖산이 쌓이게 된다. 근육세포를 피로하게 만드는데, 피로를 풀기 위해서는 미토콘드리아라는 물질로 축적돼 있는 젖산을 없애야 한다. 그런데 운동을 많이 하면 신체는 피로를 느끼는데 신경세포는 활성화되는 이유가 아직까지는 명확하게 규명돼 있진 않다. 일례로 운동을 많이 했을 경우 뇌유래 신경영양인자가 올라가면서 신경세포가 더 활성화되고 전달 물질도 더 많이 활성화되는 것으로 알려져 있다.

운동으로 몸은 피로해지지만 내 몸에서 신경전달물질이 많이 나오게 되고, 이렇게 되면 기분이 좋아지는 세로토닌Serotonin 등의 물질이 많아지기 때문에 신경은 즐거워진다. 아드레날린adrenalin의 분비로 즐거움을 느끼게 되고, 이와 더불어 세로토닌 등의 물질이 많아지면 신경세포는 자극을 받아서 더 활성화된다. 이러한 사이클을 통해 운동을 할수록 신체는 피로해지지만 신경세포에는 긍정적인 영향을 줄 수 있다.

▶ 어느 정도의 운동을 해야 하나?

▷ 청·장년의 경우 심박수가 적어도 220bpm 정도를 유지한 채 15분 이상 뛰는 것을 권장한다. 그러나 특별히 운동하지 않았던 분들이 갑자기 시작하는 것은 좋지 않다.

▶ 왜 젊을 때부터 운동을 해야 하나?

▷ 중년기에 대사증후군Metabolic Syndrome을 철저히 예방·치료하고 혈압을 정상으로 유지하면 치매를 예방할 수 있다고 입증돼 있다. 그렇기 때문에 중년기 때 뇌를 건강하게 유지하기 위해 청·장년기 때부터 미리 운동해야 한다고 생각하면 된다.

운동을 통해 신경세포 전달망이 활성화된다면, 나중에 본인의 신경세포 기능이 좀 떨어지더라도 저축해 두었던 신경세포의 가소성을 이용해 활동할 수 있다. 또 우리 건강에 중요한 혈관의 탄력성을 유지할 수 있다. 탄력성이 떨어지는 첫 번째 이유는 고혈압이다. 혈관이란 한 번 딱딱해지면 부드럽게 되돌리기 어렵기 때문에 혈관의 유연성 유지를 위해 젊었을 때부터 저축 삼아 운동을 해야 하는 것이다.

▶▶▶ 손상된 기억으로도 잘 살 수 있다

런던대학교 신경학연구소의 닉 폭스Nick Fox 교수는 10년 가까이 한 남자의 뇌를 연구해 왔다. 그 남자가 닉 폭스 교수를 찾아왔을 때 이미 그의 뇌 속엔 알츠하이머의 표식, 즉 플라크와 탱글이 가득 차 있었다. 그 남자는 바로 대학 교수였던 리처드 웨더릴이었다. 그는 체스를 매우 좋아했다. 그래서 체스를 둘 때 언제나 일곱 번에서 여덟 번 정도 앞으로 움직여야 할 말의 위치를 미리 생각하며, 매번 상대방보다 몇 수 앞서 체스를 두곤 했다. 또한 바이올린을 비롯한 악기 연주 실력도 수준급이었다.

리처드 웨더릴을 연구한 닉 폭스 교수.

의학적으로 치매의 끝자락에 도달했던 그가 어떻게 정상인보다 더 좋은 기억력으로 살아갈 수 있었을까?

폭스 교수는 알츠하이머 증상이 나타나는데도 불구하고 생활에 큰 지장 없이 살아가는 사람들에 대해서 연구하기 시작했다. 그들은 확실하게 자신의 상태를 이해하지 못하지만 이전과 다름없이 생활했다. 손상되지 않은 부위가 손상된 부위를 대체하거나, 손상되었더라도 다른 메커니즘으로 기능을 대체하는 것이다.

리처드 웨더릴의 경우처럼 인지 활동을 열심히 하면 노화에 따른 인지 기능의 감퇴 속도를 늦출 수 있다. 또한 뇌에 상해를 입거나, 알코올성 치매에 걸리거나, 뇌졸중에 걸려도 활발한 인지 활동을 통해 인지 기능 감퇴를 유보시킬 수 있다. 이것이 바로 일부 심리학자와 신경학자들이 이야기하는 '두뇌 창고 이론'이다.

높은 수준의 교양과 지능지수를 자랑하는 사람들은 알츠하이머

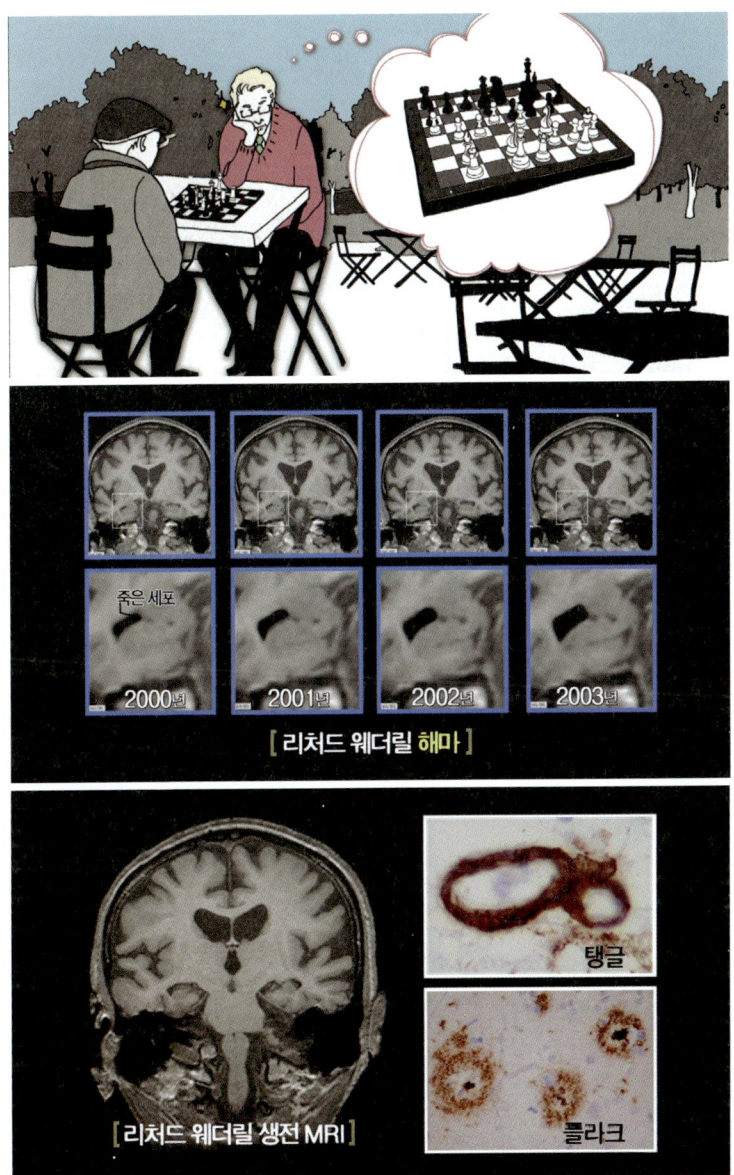

생전 리처드 웨더릴의 모습을 재현한 그림과 실제 해마를 촬영한 MRI 사진.

Chapter 5 ▶▶잘 기억하고 잘 사는 법

투병기간을 훨씬 잘 견딘다고 한다. 알츠하이머 병변을 보유한 사람이더라도 꾸준히 두뇌 활동을 한다면 인지 능력의 큰 쇠퇴 없이 생활할 수 있다. 그러기 위해서는 항상 신체적·정신적 운동을 지속해야 한다. 특히 스트레스를 받지 말고 긍정적인 마인드 컨트롤을 하면서 생활하는 것이 중요하다.

▶▶▶ **내 인생에 봄날은 온다**

158명의 기억력 회복 프로젝트 참가자들은 8주라는 지난한 과정을 거치는 동안 최종 40명만이 남았다. 힘들었지만 행복했던 과정을 모두 이겨냈다는 것이 본인 스스로도 자랑스러웠는지 최종검사 날에 참가자들의 얼굴에는 뭔가를 해냈다는 벅찬 감정과 삶의 희망이 가득했다.

이들은 인지 검사에서 프로젝트를 실행하기 이전에 검사했을 때보다 큰 향상을 보였다. 물건을 둔 위치를 기억하는 시각 기억력은 11퍼센트나 상승했고, 언어 기억력은 8퍼센트, 특히 전두엽 기능은 두드러지게 향상됐다.

참가자들 가운데 가장 좋은 결과를 낸 사람은 전형적인 주부 건망증을 앓고 있던 유상미(가명) 씨와 치매 초기 진단을 받은 김철수(가명) 씨였다.

한설희 교수는 프로젝트 기간 중 특히 기억력 향상과 관련 있는 전두엽 기능 촉진에 집중했다. 전두엽 부분은 해마를 통해 얻어진 정보를 분석해서 기억을 밖으로 내놓는 작업을 하는 곳이다. 나이가 들더

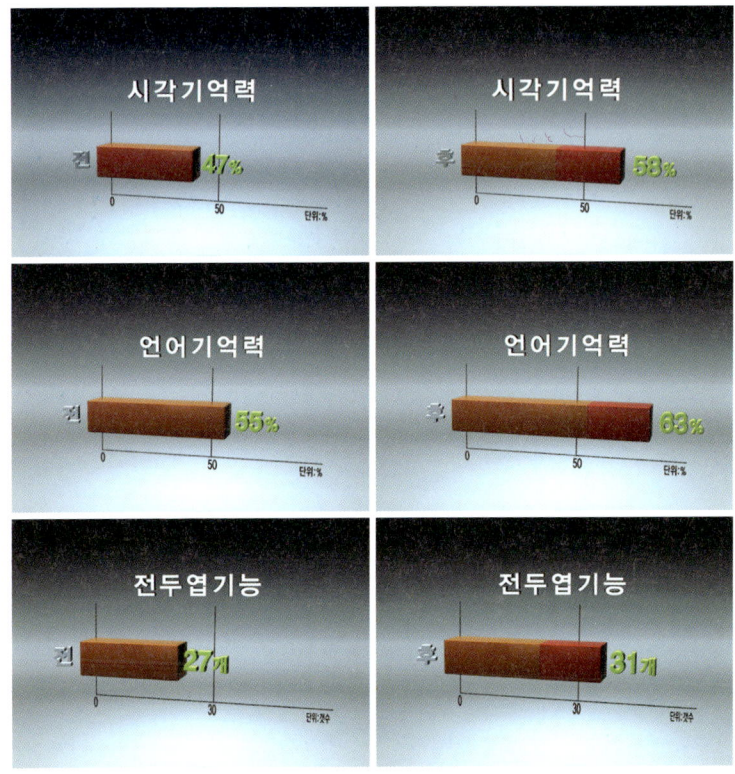

학습과 기억력은 긴밀한 관계가 있다. 학습에 의한 다양한 뇌의 변화들.

라도 어떤 일을 반복해서 하면 기억력은 물론이고 계획성에 관련이 있는 전두엽 기능도 향상시킬 수 있다. 이런 점을 이번 프로젝트를 통해 확인할 수 있었다.

동화 구연가인 유상미(가명) 씨도 100개국의 국기들을 모두 외웠다. 처음에는 조금도 외우지 못하는 자신에게 실망하여 여러 번 포기하려고 했다. 그러나 매일매일 좋은 생각을 하고, 일기를 쓰고, 운동

노력한 만큼 기억력은 강화될 수 있다. 인생의 봄날을 위해 지금부터라도 용기를 내자.

하고, 먹는 음식까지도 신경 쓰니 자연스럽게 기억력이 좋아지기 시작했다. 새봄, 아이들에게 다시 아름다운 동화를 들려줄 수 있게 된 그녀. 이제는 "잠깐만요"라며 머뭇거리던 그녀의 모습은 사라졌다.

기억력 회복 프로젝트에서 당당히 일등을 한 김철수(가명) 씨는 아내와 함께 제주도 여행의 행운까지 받았다. 노란 유채꽃이 만발한 그곳에서 인생의 봄날도 다시 돌아왔다.

의과대학 4학년이었던 이세창(가명) 씨는 이번 기억력 프로젝트에 참가한 이후 빠르게 기억력을 회복하면서 무사히 졸업을 하고, 의사면허시험에도 당당히 합격했다. 그는 기억력 훈련을 조금만 더 일찍 했더라면 더 좋은 성적을 거둘 수 있었을 것이라며 못내 아쉬워했다. 하지만 여기에서 멈추지 않고 앞으로 후회 없는 삶을 살기 위해서 더 노력해야겠다고 말하는 그의 얼굴에서는 이전에 없던 자신감이

엿보인다.

　뇌의 수명을 연장시켜줄 새로운 방법들이 속속 밝혀지고 있다. 멀어져가는 기억력에 당당히 도전장을 던진 158명의 기억력 회복 프로젝트 참가자들! 그들을 통해 우리는 자신의 뇌에 대한 관심을 게을리 하지 말아야 할 것을 배운다.
　나의 결심과 노력에 따라 내 인생의 봄날은 온다.
　힘들게도 하고, 나를 살리게도 하는 변덕스러운 뇌지만 언제나 사랑하는 마음을 가질 것!
　좋은 기억은 계속 간직하고, 나쁜 기억은 과감히 버릴 것!
　나라고 규정할 수 있는 유일한 기억에 감사할 것!
　마지막으로 이런 소중한 마음을 잊지 않고 영원히 기억해 줄 것!

PART 3

두 번째 선물, **망각**

삶은 흐르지만 기억은 사라지지 않는다
당신의 인생에는 무엇이 남고
무엇이 지워졌는가.

 기억은 사라지지 않는다

▶▶▶ **백 년의 기억**

　삶에 대한 욕망과 집착을 초월한 시인, 천상병. 그래서 그런지 그의 작품에서 등장하는 죽음은 어둡지 않고 능동적이며 낙천적이다.

나 하늘로 돌아가리라.
아름다운 이 세상 소풍 끝내는 날
가서 아름다웠더라고 말하리라.

　〈귀천〉의 한 구절이다. 위의 시처럼 이 세상에서 짧다면 짧고, 길다면 긴 백 년의 소풍을 함께한 노부부가 있다.

권병호 할아버지(104세)는 바짝 말라버린 김은아 할머니(100세)의 손을 잡고 제작진에게 아내를 바꿔달라는 농담을 던진다. 잠시 후, 살짝 미안했는지 할아버지는 이내 할머니의 다리를 주무르며 늙은 아내에게 애교를 부린다. 할아버지는 할머니를 보고 첫눈에 반한 그 순간을 지금도 생생히 기억한다. "처음 봤을 때 턱선이 예뻐서 반했지. 그렇게 만났는데 예뻐서 좋기도 하고, 좋으니까 계속 만나게 됐고, 결국 결혼까지 하게 됐지."

반듯하게 살아온 백 년의 세월, 그 둘 사이 오롯이 박힌 기억은 무엇일까?

슬하에 3남 2녀를 둔 노부부에게는 죽은 막내아들이 마음속 깊이 박혀 있다. 1·4 후퇴 피난길에 잃은 젖먹이 아들을 생각하면 할머니는 지금도 가슴이 아프다. 피난길에 죽은 아이를 묻지도 못하고 그냥 길에 두고 왔기 때문이다. 노부부는 눈물을 그렁그렁 담은 채 당시 기억을 생생하게 묘사한다.

"죽은 아이를 땅에라도 묻어주려고 맨손으로 언 땅을 팠지만 파지지 않았어. 손끝이 다 벗겨져서 피가 철철 났지. 결국 포기하고 그냥 돌멩이로 덮어버렸어. 그게 아직도 마음이 아파."

할머니는 반백 년을 훨씬 넘긴 과거의 기억 때문에 지금도 가슴 아파한다.

삶은 흐르지만 기억은 사라지지 않는다. 우리의 인생은 무엇을 남기고, 무엇을 지우는 것일까?

지금 이 순간에도 우리 주변에서는 수많은 정보가 쏟아져 들어온

백 년의 인생 소풍을 함께한 노부부는 수많은 기억을 공유하고 있다.

다. 인간의 멀티 기억 시스템은 쉴 새 없이 남길 것과 잊을 것을 선택한다. 그러나 보이지 않는다고 사라지는 것은 아니다. 어떠한 기억이 잊혀지고, 또 어떠한 기억은 잊혀지지 않는지 무의식의 바다에서 망각의 비밀을 인양해 보기로 하자.

▶▶▶ **1초의 파노라마**

혹시 물에 갑자기 휩쓸렸을 때나, 자동차 사고 등의 위급한 순간에 자신이 살아온 인생의 모든 기억이 한 편의 파노라마처럼 흘렀다는 이야기를 들어본 적이 있는가?

KBS 신관 국제회의실에서 스카이다이빙 동영상을 보고 있는 한 남자 최정호(43세, 공무원) 씨는 하늘을 날고 싶은 마음에 4년 전부터 스카이다이빙을 시작했다. 그 시간만큼은 세상에서 가장 자유로웠기 때문이다. 사람이 맨 몸으로 하늘을 난다는 것, 그 짧은 찰나의 시간은 정말 그 어디서도 맛볼 수 없는 짜릿한 순간이었다. 하지만 그 자유의 대가는 너무나 혹독했다.

2009년 대전광역시에서 열린 전국체전에서 스카이다이빙이 시범 종목으로 채택됐다. 스카이다이버 최정호 씨도 이 대회에 참가했다. 팡파르가 울림과 동시에 하늘에서 바람을 가르며 땅으로 사뿐히 내려앉으려 할 때 갑자기 돌풍이 불었다. 자연의 급작스런 변화는 예기치 않은 사고를 몰고 온다. 바람의 변화로 참가했던 두 명의 선수가 땅으로 추락했고, 그 중 한 명이 바로 최정호 씨였다.

최정호 씨는 다리 난간에 심하게 부딪혀 떨어졌다. 구급대원들이 바로 사고현장으로 달려와 그에게 심폐소생술을 실시했다. 스카이다이빙 학교장이었던 차종환 씨는 그때의 긴박했던 상황을 "다리 난간에 부딪칠 때 꽝 하는 소리가 어마어마하게 크게 들렸고, 현장에 달려가 보니 죽었다고 생각할 정도로 상태가 심각했다. 얼굴이 거의 다 함몰돼 있었다"고 증언한다.

당시 의학적으로 최정호 씨는 의식이 없었다. 그러나 그의 머릿속에서는 그 누구도 상상하지 못하는 일이 일어났다. 바로 떨어지는 그 순간, 눈 한 번 깜빡할 그 시간에 여러 가지 기억들이 순식간에 밀려왔기 때문이다. 그리고 자신이 살아온 세월이 영화 속 파노라마처럼 지나갔다. 가족이 제일 먼저 떠올랐고, 이루지 못했던 아쉬운 일들이 뒤를 이었다. 그리고 강하게 기억에 남은 또 다른 일들이 스쳐갔다. 특전사 시절, 아이들이 태어났을 때, 어머니가 돌아가셨을 때, 후회

스러운 순간들도 떠올랐다. 남에게 상처 주었던 말들이나 평소에 전혀 생각하지도 않았던 기억들도 떠올랐다. 생각해 보면 평소에는 인식하지 못하고 있었지만 사실은 마음에 응어리져 있던 문제들인 듯싶었다. 심지어 강원도 특전사 시절, 구보를 하다 천고지에서 구름 속으로 들어가는 순간 번쩍하고 벼락 맞은 기억도 떠올랐다. 당시 군대 동기들의 말에 의하면 신기하게도 자신이 벼락을 맞고도 잘 걸어갔다는 것이다. 그러나 당시 그에게는 그러한 기억이 없었다. 사라진 기억이 갑자기 떠오른 것이다.

그는 자신의 파노라마 기억이 가장 아쉬웠던 순간, 힘겨웠던 순간, 기뻤던 순간 등으로 조각 조각 연결되어 이어졌다고 말한다. 어렸을 때 친구들이 아버지로부터 받은 선물을 자랑하는 모습을 보며 자신이 부러워했던 순간까지도 너무나 생생하게 떠올라서 마치 그 모든

tip

기억의 파장

우리는 눈앞에 펼쳐진 수많은 정보들을 눈에 있는 시신경을 통해 뇌로 전송하고, 또 다른 방식으로 뇌에 저장한다. 이러한 기억 저장이 가능한 것은 기억이 뇌 속 에너지 파동 형태로 이루어지기 때문이다. 기억은 에너지의 형태로 존재한다. 외부자극이 뇌로 들어오면 시냅스, 뉴런의 스파인으로 전파되면서 3차원 영상으로 구현된다. 또한 기억은 한 곳에만 저장되지 않는다. 이 분야를 연구하는 많은 학자들이 기억은 '분산'되어 저장된다는 연구 결과를 발표했다. 우리가 볼 수 있는 것은 눈에 보이는 3차원의 물질뿐이고 보이지 않지만 존재하는 것은 4차원의 파장이다. 우리의 몸도 보이지 않는 파장을 가지고 있다. 이를 '반송파(전송파)'라고 지칭한다. 이러한 파장을 통해 사물을 감지하고 모든 정보를 뇌로 전달하고 기억의 형태로 저장하게 해준다.

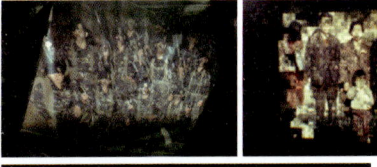 

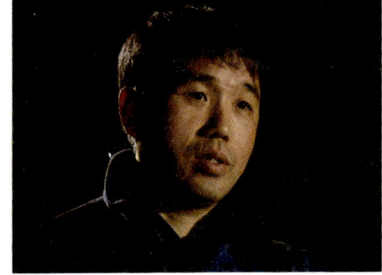

2009년 스카이다이빙 시범 비행 중 사고를 당한 최정호 씨. 당시 그의 머릿속에는 그동안 살아온 인생의 순간들이 파노라마처럼 지나갔다고 한다.

순간을 옆에서 지켜보는 것 같았다고 한다. 그리고 자신이 죽으면 아빠를 잃게 될 아이들이 가장 많이 생각났다며, 아직도 그 기억이 생생한지 인터뷰 도중 눈물을 보이기도 했다.

그와 함께 스카이다이빙을 하는 차종환(54세) 씨에게도 이와 비슷한 경험이 있다. 차종환 씨는 2009년 5월 4일, 안산시 국제학교에서 시범 비행을 하다 착지를 잘못하여 발목, 무릎, 대퇴부, 척추, 등뼈 등의 부위에 중대한 골절상을 입었다. 그는 사고 순간 늦둥이 아들이 떠올랐다며, '아직 유치원생인데 나 없이 어떻게 하나?'라는 생각에 눈물을 흘렸다고 말한다.

▶▶▶ 기억의 분산

기억이 어디에 어떻게 저장되는지에 대해서는 여러 가지 의견이 분분하다. 칼 프리브람$^{Karl\ Pribram}$ 교수(스탠포드대학교 신경심리학과)는 평생 '기억의 메커니즘'을 연구했다. 그는 한 번 저장된 장기 기억은 사라지지 않는다고 말한다. 그에 따르면 감각기관을 통해 입력된 정보 가운데 선택된 정보들은 장기 기억으로 저장된다. 이때 장기 기억은 초점이 맞지 않는 상태로 뇌의 여러 곳에 분산돼 존재하게 된다는 것이다. 이후 장기 기억을 불러낼 단서를 제공하면 파편 같은 조각들이 초점을 맞춰 다시 떠오른다는 것이다. 이것을 '홀로노믹^{holonomic} 이론'이라고 부른다.

이 이론에 따르면 기억의 조각은 흩어져 있다가 우리가 기억을 불러낼 때 흩어진 저장고를 다시 합쳐야만 한다. 심리학자들은 무의식

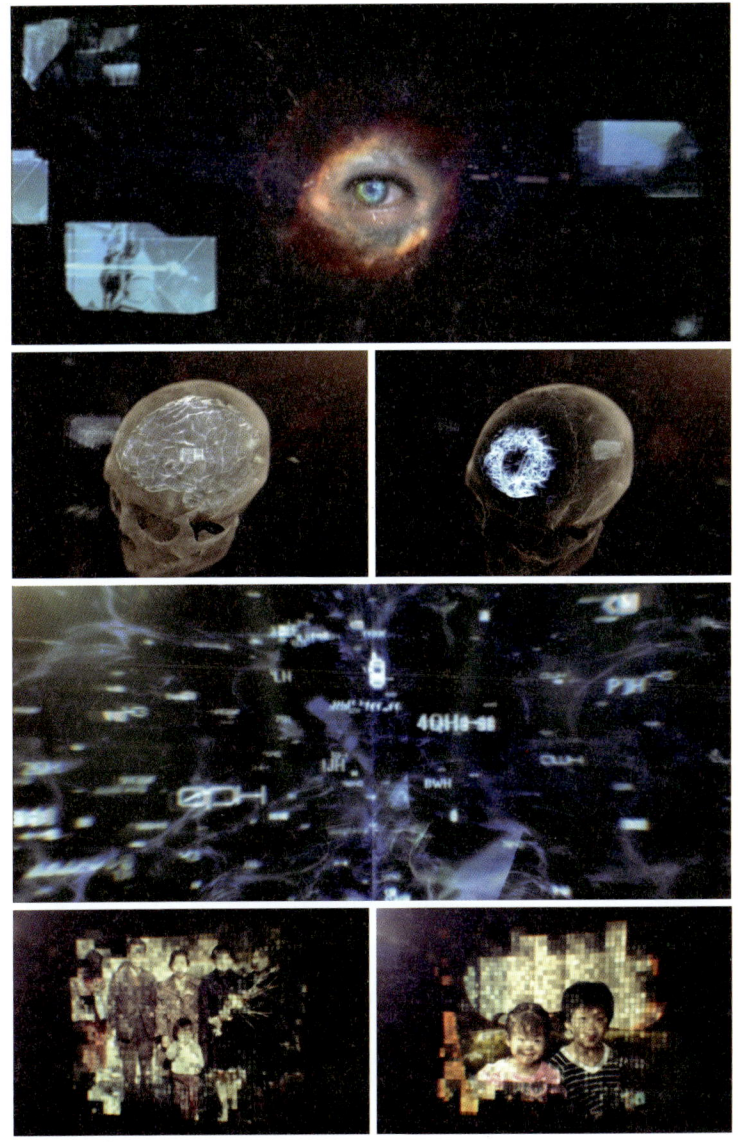

감각기관을 통해 입력된 정보는 뇌의 여러 곳에 분산돼 있다가 장기 기억을 불러낼 단서를 제공하면 파편적인 조각들이 초점을 맞춰 떠오르게 된다.

의 세계에 안전하게 저장되는 장기 기억의 경우에는 기억 시스템이 이를 잊는 것으로 추측한다. 즉 무의식 속에 많은 기억들이 저장되어 있는데 다시 꺼낼 단서를 찾지 못했기 때문에 아직 떠오르지 않는다는 것이다.

이는 정서적인 요인으로 많이 발생한다. 정신분석학의 대가인 프로이트$^{Sigmund\ Freud}$는 본인이 좋지 못한 경험을 하게 되면 이를 억압해서 기억을 출력하지 않고 부정하는 경우가 있는데, 그럴 때 순간적으로 정서적인 면이 연결되어 망각을 일으킨다고 말한다. 그러나 이것은 망각되었다기보다는 순간 억압돼 감춰진 상태이다. 따라서 언제든지 단서만 주어진다면 자신도 모르게 떠오를 수 있다.

▶▶▶ 홀로노믹 이론

1. 칼 프리브람의 인식 이론

일반적으로 '인식 이론'은 사물이 시각신경을 통하여 뇌에 전달되고, 뇌에 있는 시각중추는 3차원 이미지로 재생한다는 것을 뜻한다.

한편 칼 프리브람 교수는 기존의 인식론과는 다른 인식 이론을 설명하였다. 보는 행동은 단지 망막, 수정체, 시각신경체 등 특정한 부위만을 통해 이루어지는 것이 아니라 뇌 전체가 유기적으로 움직이며 이루어지는 것이라고 주장한다. 다시 말해 기억은 해마 등 특수한 부위에만 저장되는 것이 아니라 뇌 전체에 골고루 분산되어 저장된다는 것을 의미한다.

'홀로노믹 이론'에 대해 설명하는 칼 프리브람 교수

그런데 광범위하게 분산하여 저장될 때 그 내용이 뇌의 물질적인 구조에 저장되는 것이 아니라 뇌의 홀로그램에 저장된다고 말한다. 뇌의 홀로그램은 어떤 물질적인 구조가 아니라 에너지장과 같은 구조를 말한다. 이를 영점 에너지장 zero point field이라고 한다.

칼 프리브람 교수의 인식 이론은 홀로그램 hologram과 밀접한 연관이 있다. 홀로그램이란 3차원적 영상을 말하는데, 눈에 보이지 않는 다른 부분도 유추하여 완벽한 물체의 모습을 구현한다.

그의 이론은 지금까지 알려진 인식 이론과는 너무나 파격적인 주장이어서 보편적인 학설로 인정되지 않았으니, 추후 뇌 과학이 발달되면서 이 부분에 대한 연구가 활발히 진행되고 있다.

2. 영점 에너지장

아리조나대학교의 마취과 의사인 하메로프 Stuart Hameroff는 전신마취제가 어떻게 뇌 세포를 시작으로 의식을 마비시키는가에 대한 연구를 시작했다. 그 결과 미세소관Microtubule의 전기 활성화가 달라짐으로 시작된다는 것을 발견했다. 즉 마취제가 신경세포의 미세소관의 전기적 활성을 억제하고 이로 말미암아 의식을 잃게 한다는 것이다.

이 실험 결과는 미세소관과 의식이 깊게 관계되었다는 것을 뜻한다. 미세소관은 튜부린Tubulin이라는 단백질 섬유로 구성되어 있고, 뇌 조직 전체적에 유기적으로 연결되어 있다. 미세소관은 뇌에서 빛, 즉 광자Photon를 전달하는 역할을 할 뿐만 아니라, 전자Electron를 전달하는 역할도 한다. 미세소관을 흐르고 있는 광자 및 전자는 에너지장을 형성한다.

3. 홀로그래피

홀로그래피Holography의 원리는 1948년에 데니스 가보르가 고안하였다. 그는 1971년 노벨물리학상을 수상하였다.

홀로그래피는 빛의 간섭성을 이용하여 입체 정보를 기록하고, 재생, 창출하는 것을 말한다. 또한 입체 영상의 기록술을 뜻하는데, 홀로그램은 그 기술로 촬영된 것을 가리킨다.

홀로그래피의 파원으로 레이저를 많이 사용한다. 레이저는 빛의 파장이 매우 안정되어 있다. 반면 태양, 형광등, 백열등과 같은 빛의 파장은 불규칙하다.

이러한 안정된 파원 앞에 물체가 있으면, 물체의 표면에서 빛이 반사되어 원래의 빛과 만나 간섭무늬를 만든다. 이 간섭무늬의 패턴은 물체 표면에서의 거리에 의하여 결정된다. 즉 간섭무늬에는 물체의 정보가 기록된다. 현상한 필름에는 물체의 상은 보이지 않는다. 여기에 안정된 빛을 일반 백색광과 같은 각도로 통과시키면 똑같은 무늬가 재현된다. 이것을 필름을 통해서 보면 물체의 입체상이 정확히 보인다. 이와 같은 필름을 홀로그램이라 한다. 홀로그램은 여러 조각으로 나눌 경우에도 각각의 조각에서도 전체 상을 재현할 수 있다.

이러한 원리를 이용하여 건축, 미술, 공예품, 중요문화재 등을 입체적으로 구현하여 실생활에 적용 또는 보관하는 기술이 나날이 발전해 가고 있다.

4. 푸리에 변환

칼 프리브람 교수의 인식 이론에는 '푸리에 변환Fourier transform'이라는 수학이 인용된다. 19세기 초 프랑스의 수학자 장 푸리에Jean Fourienr는 푸리에 변환을 만들었다.

푸리에 변환은 하나의 함수를 인자로 받아 다른 함수로 변환하는 선형 변환이다. 일반적으로 변환된 함수는 원래 함수를 주파수 영역으로 표현한 것이라고 부른다. 푸리에 변환은 어떠한 광학 이미지라도 수학적으로 해석하여 파동으로 변환시킬 수 있다. 또한 주파수, 진폭 그리고 파동의 위상 등과 같은 파동의 정보를 역전시킴으로써 3차원 이미지로 재생시킬 수 있다. 그러나 시간의 연속성을 변수로 두지 않아 문제점이 발생한다는 지적도 있다.

5. 기억 저장력의 무한대

칼 프리브람 교수는 우리의 뇌가 여러 주파수 영역의 입력에 의지해 현실을 구성한다고 주장한다. 뇌는 감각을 거쳐 가장 높은 주파수인 10의 15승 Hz (백만십억 Hz)의 눈에 보이는 빛부터 가장 낮은 주파수인 20Hz 정도의 가청음까지 분석할 수 있다고 말한다.

아르헨티나의 연구원 휴고 주카렐리는 광학 홀로그래피의 청각적 등가물인 홀로포닉스를 발명했다. 이로써 음향학 세계까지 홀로그램 개념이 확장되었다.

또한 데이비드 봄 박사는 칼 프리브람 교수의 홀로그램 뇌 이론을

> **tip**
>
> **홀로그램**
>
> 홀로그램Hologram 은 '완전하다'는 'holos'와 '그림'이라는 'gram'의 합성어이다. 즉 완전한 그림, 사진이라는 뜻이다. 홀로그램은 레이저 광선으로 2차원 평면에 3차원 입체를 묘사하는 기술이다. 이것을 구현하려면 2개의 레이저 광선의 간섭 효과를 이용하여 필름에 0.2~0.3㎛(1㎛은 100만분의 1m)의 깊이로 홈을 새겨야 한다. 이 미세한 홈으로 인해 빛의 굴절이 달라져 보는 각도에 따라 반사되는 빛의 색깔, 형태가 달라진다. 결과적으로 화면의 물체가 마치 눈앞에 펼쳐진 듯 입체영상으로 탈바꿈한다. 이러한 특징을 이용해 홀로그램은 디지털 정보 기록, 3차원 화상 처리 등에 다양하게 응용된다. 또한 입체사진, 영화를 만드는 기초 기술로도 쓰인다.
>
> 1948년 영국 물리학자 데니스 가버Dannis Gabor가 이 원리를 발견해 노벨상을 수상했으며, 1960년대부터는 레이저 개발로 이를 이용한 응용기술이 발전하기 시작했다. 홀로그램은 다양한 소비자를 이끌기 위한 용도로 많이 사용되고 있다. 또한 이것은 복잡한 과정을 거쳐 제작되기 때문에 동일한 영상을 복제하는 것이 불가능하다고 알려져 있다. 현재 신용카드, 각종 서적, 테이프에도 다양하게 이용되고 있다.

확장해 우리의 뇌가 우주 홀로그램의 소규모 조각임으로 전체 우주의 지식을 알 수 있다고 주장한다. 즉 우리의 뇌가 외부의 주파수를 해석하여 물질적인 현실을 수리적으로 구성한다면 시공간을 뛰어넘어 보이지 않는 세상의 존재도 파악할 수 있다는 것이다.

02  기억의 그림자

▶▶▶ 기막힌 망각의 순간들

가스레인지에 냄비를 올려놓았다는 사실을 잊고 있거나, 가스 밸브를 잠그지 않고 외출하기도 하며, 열쇠를 차 안에 두고 내리는 경우도 있고, 휴대전화를 주머니 속에 넣은 채 두리번거리며 찾아다니고, 냉장고 문을 열면서 본인이 무엇을 꺼내려 했는지 잊어버리는 일……. 뒤돌아서면 잊어버리는 건망증은 우리의 평범한 생활을 위협하기도 한다.

놀랍게도 건망증이 한 개인의 생활 장애를 넘어 한 국가를 멸망시켰다면 믿을 수 있겠는가?

1453년 5월 29일 천년제국 동로마 제국이 무너졌다. 그런데 한 사람의 실수가 이 제국의 멸망에 중요한 일조를 하였다. 1453년 5

1453년 5월, 한 사람의 건망증에 의해 무너진 동로마 제국.

월, 동로마 제국은 오스만투르크 제국의 총공격을 받았다. 두 나라 간 대전투가 일어나기 하루 전, 동로마의 성곽 수비를 맡은 한 병사가 문을 잠그는 것을 깜빡했고, 오스만투르크의 공격을 받은 지 다섯 시간 만에 동로마 제국은 무너져버렸다. 한 사람의 건망증이 천 년을 이어오던 제국을 하루아침에 무너지게 한 결정적 요인이 된 것

택시에 32억짜리 첼로를 두고 내린 요요마.

이다.

엄청난 건망증으로 큰일을 당할 뻔 한 세계적인 인물이 또 있다.

1999년 10월 뉴욕, 세계적인 첼리스트 요요마에게 믿지 못할 일이 벌어졌다. 노란 택시들이 줄지어 서 있는 뉴욕의 거리에서 그는 카네기홀에서 열릴 독주회 사전 회의를 위해 친구와 함께 미팅 장소로 향하고 있었다. 택시를 탔는데 둘이 타기에 뒷자리가 너무 비좁아 트렁크에 32억 원이 넘는 첼로와 케이스를 실었다. 그리고 20분 후 55번가 앞에 내렸다.

그는 미팅을 비롯한 모든 일정을 끝낸 후 센트럴파크 산책을 하기로 한 아내와의 약속을 지키기 위해 급히 약속 장소로 향했다. 오랜만에 약속 시간을 지킨 날이었다. 아내는 너무 감동해 눈물까지 글썽

일 정도였다. 그러나 얼마 지나지 않아 그는 무엇인가 허전하다는 것을 깨달았다. 택시에 18세기 스트라디바리우스가 만든 첼로를 두고 내린 것이다. 그것은 그의 분신과도 같은 악기였다. 다행히 택시요금 영수증을 단서로 경찰들은 수배 작전에 돌입했고, 3시간 30분 후 스트라디바리우스 첼로는 다시 주인의 품으로 돌아왔다.

이후 한동안 뉴욕에서 택시를 타면 "안녕하세요, 첼리스트 요요마입니다. 물건을 두고 내리지 않도록 주의하시고 영수증은 꼭 챙기시기 바랍니다"라는 멘트가 흘러나왔다고 한다.

▶▶▶ 히말라야가 준 훈장, 건망증

'메모를 자주한다. 자주 약속을 잊어버린다. 집 전화번호도 외우지 못한다.'

바로 히말라야 16좌를 완등한 엄홍길 대장의 이야기다. 그의 집에는 불문율이 있다.

'정해진 장소에 정해진 물건만 놓는다.'

이렇게 하는 이유는 엄홍길 대장의 심각한 건망증 때문이다. 그는 유별난 건망증 때문에 신용카드도 딱 하나만 사용할 정도다. 그에게 신용카드, 쇼핑 목록, 열쇠 꾸러미는 보물찾기의 연속이다. 그의 서랍에는 폐품이 돼버린 배낭용 자물쇠가 수북하다. 열쇠를 찾지 못하고 톱으로 자르려던 자국이 선명한 자물쇠도 눈에 띈다. 그렇게 애타게 찾던 열쇠는 바로 그의 옆에 있을 때가 많았다. 그래서 그는 그냥 톱질 자국이 있는 상태로 자물쇠를 쓰기도 한다.

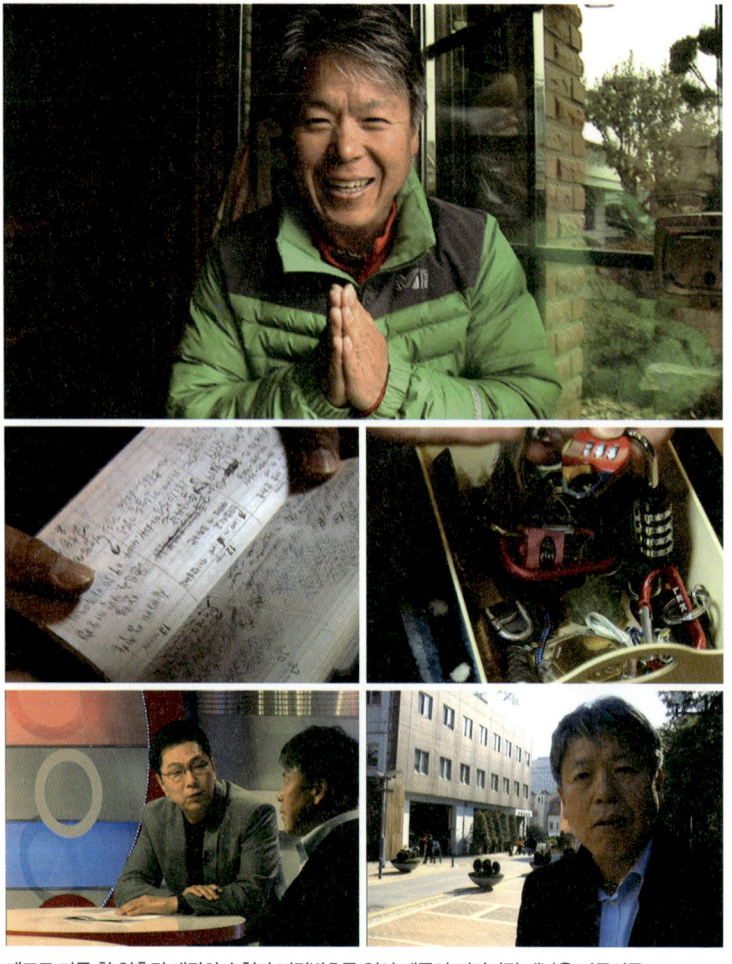

메모로 가득 한 엄홍길 대장의 수첩과 비밀번호를 잊어 폐품이 되어버린 배낭용 자물쇠들.

 이제 엄홍길 대장은 수첩에 의지해 산다. 메모는 그의 기억의 대부분을 차지한다. 그의 수첩에는 무엇인가를 잊지 않으려는 치열함이 가득하다.

요즘 들어 그의 건망증은 부쩍 심해졌다. 어느 방송사의 녹화장, 방송인 송지헌 씨가 진행하는 토크쇼에 엄홍길 대장이 출연했다. 송지헌 씨와는 10년 전 히말라야 칸첸중가 등정 생방송을 함께한 각별한 사이다. 2시간에 걸친 토크쇼 녹화가 끝난 후 두 사람은 작별 인사를 했다. 그런데 계단을 내려오는 엄홍길 대장에게 제작진이 다음과 같은 질문을 해봤다. "아까 방송 함께했던 분 성함이 어떻게 되세요?" 그랬더니 엄홍길 대장은 "뭐였더라…… 송승헌? 송승헌이었나?"라며 방금 전까지 토크쇼를 함께했던 십년지기 지인의 이름을 대답하지 못했다.

하버드대학교 심리학과 다니엘 색터 교수는 "어떠한 일에 건망증이 생기는 것은 그 일에 관심을 두지 않고 집중하지 않기 때문"이라고 말한다. 무엇인가를 하면서 다른 일을 동시에 생각하기 때문이라는 것이다. 가령 열쇠를 내려놓으면서 열쇠를 놓은 위치를 기억하는 것이 아니라 다른 무엇인가에 대해 생각하는 것이다. 그러므로 기억이 만들어지는 첫 단계에서 '한 가지 한 가지' 상황에 관심을 두고 주의를 집중하는 것이 중요하다.

▶▶▶ 망각의 과학

명동거리에서 한 쌍의 남녀와 함께 한 가지 실험을 해보았다. 명동 중앙로 거리를 걸으면서 1층과 2층에 입점해 있는 76개의 매장 이름을 기억해 내는 것이다. 이 거리를 걷고 난 후, 두 사람의 기억 속에는 무엇이 남을까?

> ┈┈ 단기 기억 독자 참여 실험
>
> 여러분이 자주 다니는 거리 또는 번화가에 있다고 생각하고 그곳에 있는 간판이나 풍경 등을 떠올려 보세요. 어떤 것이 기억나는지 노트에 기록해 보세요. 그곳에 다시 갔을 때, 메모한 풍경 또는 간판이 몇 개나 맞았는지 확인해 보세요. 단기 기억의 한계를 실생활에서 체크해 볼 수 있습니다.

명동거리에서 실시한 단기 기억 실험. 남녀는 각자의 관심과 경험에 의해 서로 다른 기억을 만들어 냈다.

    남자는 아이폰, 화장품 가게의 아이라인 한 사람, 오토바이 퀵 배달 아저씨, 노숙자, 던킨도너츠, 가수 비가 나온 광고 정도를 기억했다. 여자는 이보다 기억의 정도가 낮았다. 그녀는 평소 신발 마니아이다 보니 금강제화, 바바라 플랫슈즈가 기억나고, 배가 고파서 그랬는지 충무김밥이 기억난다며 머쓱하게 웃었다.

같은 시간, 같은 공간을 걸었으면서도 왜 서로 다른 것들을 기억하게 되는 걸까?

인간의 기억 시스템에 마련된 초기 작업 공간은 그리 넓지 않다. 동시에 기억할 수 있는 것은 약 7가지 정도로, 그것이 머릿속에 머무

에빙하우스의 망각 곡선

인간의 망각과 기억을 포함한 학습심리학의 대가인 독일의 헤르만 에빙하우스 Hermann Ebbinghaus 교수는 인간의 '망각 곡선'을 발표했다. 이 결과에 따르면 인간은 학습한 지 몇 분이 지나면서부터 망각이 시작

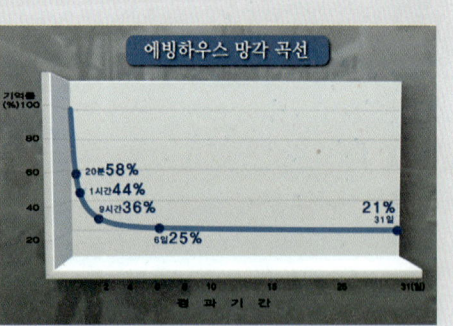

돼 약 20분 후에는 42퍼센트의 기억이 사라지고, 한 시간 후엔 56퍼센트 이상의 기억을 잊게 된다고 한다. 이후 하루가 지나면 66퍼센트, 일주일 후에는 75퍼센트, 한 달 후에는 80~90퍼센트 이상을 잊어버리게 된다고 한다. 또한 보통 사람은 새로운 내용을 외운 지 1시간이 지나면 잊기 시작하므로 이때 다시 반복해서 외우면 하루 동안 기억이 지속되고, 하루 후 다시 외우면 일주일 동안, 일주일 후에 다시 외우면 한 달, 한 달 후에 다시 외우면 6개월 정도 지속되며, 이때부터는 장기 기억 상태로 변환되어 6개월이나 일 년에 한 번씩 생각해 보아도 영구 기억 상태가 된다고 말한다.

여기에서 '에빙하우스 망각 곡선'이 나타나는데 학습 직후에는 머릿속에서 사라지는 속도가 빠르고, 시간이 흐를수록 사라지는 속도가 느려진다. 암기할 대상을 반복적으로 기억하는 것을 '에빙하우스 기억법'이라고 말한다.

는 시간은 약 18초 내외다. 그 안에 관심을 기울여 정보를 입력하지 않으면 아예 기억으로 저장되지 않는다. 따라서 보통의 건망증은 기억을 잊어버리는 것이 아니라, 입력 자체를 하지 않아 기억으로 남지 않는 것이라고 볼 수 있다. 선택적으로 저장한 기억도 아홉 시간 안에 한 번 더 반복해 주지 않으면 곧 사라질 가능성이 높다.

그렇다면 인간 기억 시스템은 왜 이토록 서둘러 단기 기억을 지우는 것일까?

이에 대해 UCLA 신경생물학과 알치노 실바$^{Alcino\ Silva}$ 교수는 "기억을 잘하려면 잊어버리는 것이 중요하다. 왜냐하면 세부사항을 잊어버려야 그 순간에 집중할 수 있기 때문이다. 예를 들어 지금 인터뷰를 하면서 '내가 어떻게 답변했는가, 이 경험을 통해 무엇을 배울 수 있는가, 다음에 인터뷰할 때는 어떻게 해야 더 매력적이면서 기발하게 잘할 수 있는가' 등의 생각을 한다면 인터뷰에 오히려 방해가 될 것이다. 그리고 정작 자신이 무엇을 말하고 있는지를 잊어버린다"고 말한다. 알치노 실바 교수는 기억이란 사건을 기록하는 것이 아니라 경험에서 자연스럽게 배우는 것이라고 강조한다.

▶▶▶ 지워진 기억들

잘 잊는다는 것은 역으로 인간의 기억 시스템이 효율적으로 작동하고 있음을 말해 준다. 그렇다면 인간은 왜 나이가 들면서 건망증이 점점 심해지는 걸까?

다시 엄홍길 대장의 생활 속으로 들어가 보자. 그는 비슷한 연령의

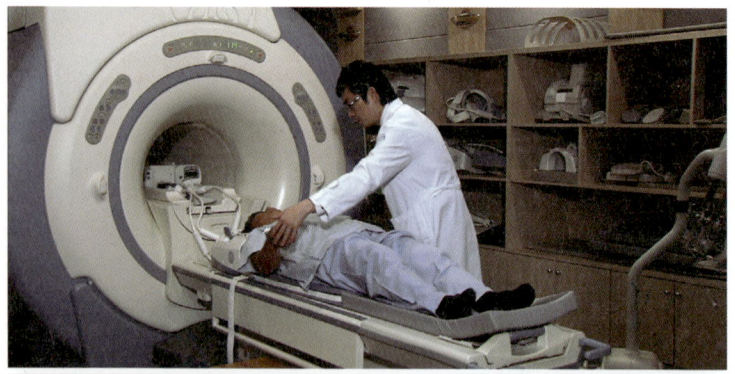
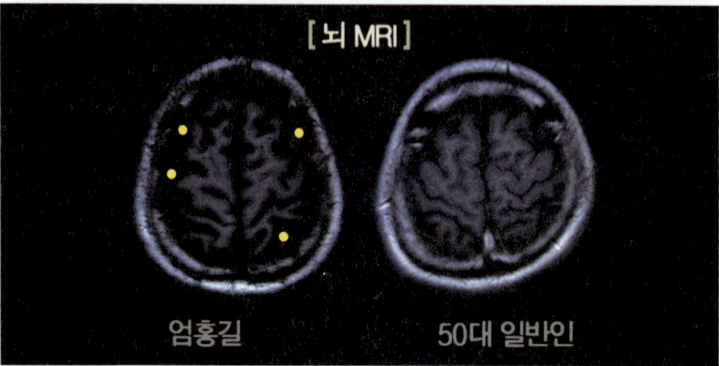
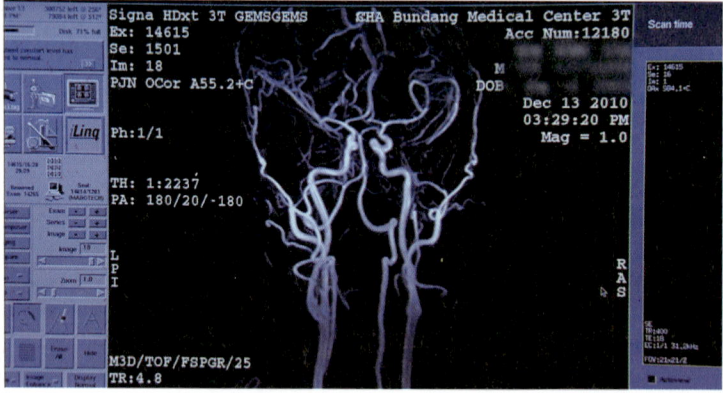

MRI 촬영을 통해 살펴본 엄홍길 씨의 뇌 피질과 뇌 혈관의 상태. 대뇌피질은 일반인에 비해 위축되어 얇게 나타났지만 뇌 혈관은 건강한 모습이다.

중년에 비해 건망증 수준이 심각하다. 전문가들은 산소가 거의 없는 고산 등반이 그의 뇌에 좋지 않은 영향을 주었고, 이로 인해 건망증이 심해진 것이라고 진단한다.

고산지대로 올라갈수록 과자 봉지는 터질 듯이 빵빵해진다. 산의 높이가 높아질수록 기압이 더 낮아져 과자 봉지는 결국 터지게 된다. 보이는 사물의 팽창이 이 정도이니 사람의 뇌가 어떠한 영향을 받을지는 미뤄 짐작할 수 있을 것이다. 분명 그의 뇌 속은 팽창해서 터진 혈관들로 인해 정상적이지 않을 것으로 짐작되었다.

그런데 검사 결과는 다소 예상 외였다. MRI 촬영을 통한 엄홍길 대장의 뇌혈관 상태는 운동을 많이 한 덕분인지 건강했다. 오히려 심각한 것은 대뇌피질 사진에서 검은 빈틈이 넓게 패어 있다는 사실이었다. 같은 나이대의 성인에 비해 대뇌피질이 얇은 것으로 나타났고, 그것은 뇌 피질의 위축이 빨리 진행된 것으로 분석됐다.

조경기 교수(분당차병원 신경과)는 "나이가 들면 우리 얼굴에 주름이 생기듯 뇌피질에도 주름이 느는데, 나이에 비해 고랑이 깊다는 것은 추측한 대로 산소 결핍에 의해서 대뇌피질이 급격히 위축됐을 가능성이 높다"고 말한다.

엄홍길 대장은 건망증 때문에 얼마 전에도 황당한 사건을 겪었다. 그는 현재 상명대학교 석좌교수로 재직하고 있는데, 첫 수업을 한 후 세 곳의 저녁 약속 장소를 가야 했다. 그러나 도저히 세 곳은 무리여서 한 곳은 포기하고 두 곳을 가기로 마음먹었다. 그 중 하나는 중요한 자리였다. 엄홍길 대장이 속한 재단 감사의 언론사 퇴임식이었다.

하나의 약속을 끝내고 두 번째로 그곳에 가기로 했다. 그러나 그는 첫 번째 저녁 약속을 끝내고 두 번째 약속은 전혀 생각하지 않은 채 집으로 귀가해 버렸다. 집에 돌아와 씻은 후 '내일 일정이 어떤가' 하고 수첩을 봤는데, 그제야 빨간 색깔로 눈에 띄게 표시한 약속 메모를 발견했다. 그땐 이미 밤 12시가 넘은 후였다. 너무나 미안한 마음에 그 다음날 바로 약속 당사자에게 정중히 사과했다. 무엇이 약속에 대한 기억을 저편으로 사라지게 만든 것일까?

정보를 받아들이는 곳은 뇌 속 신경세포에서 수상돌기의 스파인이다. 그러나 보통 나이가 들면서 외부 자극이 적어지면 스파인은 점차 줄어들고 사라지게 된다. 뇌 과학자들은 스파인이 사라지면 그 안에 있던 기억도 사라진다고 말한다. 이것이 나이가 들수록 잊어버리는 것이 많아지는 이유이기도 하다. 이런 상황에 대해 카이스트 김은준 교수는 "스파인의 머리 부분이 쪼그라들던지, 정도가 더 심하면 스파인이 아예 사라지는 일들이 일어난다. 이러한 일들이 일어나면 기억은 사라진다"고 말한다.

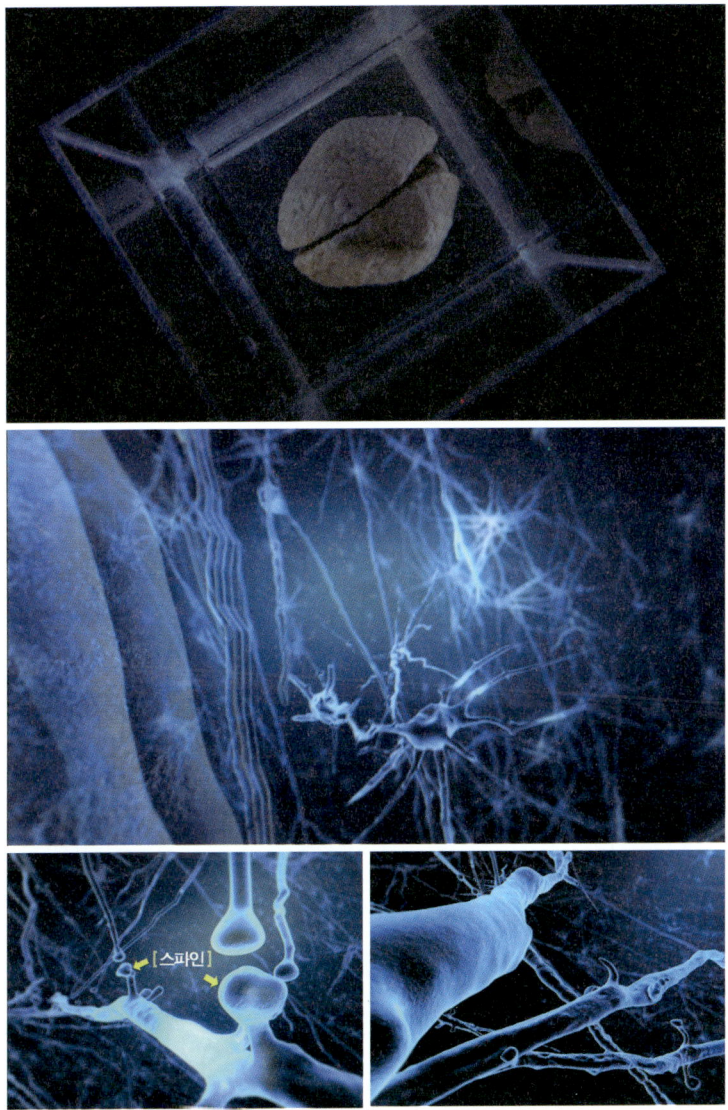

정보를 받아들이는 스파인은 나이가 들면서 외부 작극이 적어지면 점차 줄어들고 사라지게 되는데, 이로 인해 기억을 못하게 되는 것이다.

03 잘 지워야 잘 **기억**할 수 있다

▶▶▶ 수면과 망각

하루 24시간 중 망각의 터널과도 같은 시간이 있다. 바로 잠자는 시간이다. 그런데 잠에서 깨었을 때 놀라운 경험을 하는 사람들이 있다. 바로 카이사르, 콘스탄티누스 대제, 마크 트웨인, 폴 매카트니 같은 사람들이다. 그들은 꿈에서 얻은 아이디어를 예지몽으로 받아들여 위대한 문화를 창조했다.

아직까지 인간이 왜 꿈을 꾸는지에 대해서는 정확하게 알려지진 않았지만, 그들의 역사를 보더라도 꿈은 분명 인류 역사의 곳곳에 중요한 흔적을 남긴다.

음악인이라면 풀리지 않았던 연주나 작곡 등의 문제가 수면을 통해 해결됐던 경험이 한 번쯤은 있을 것이다. 제작진은 한 청소년 오

청소년 오케스트라의 연주 모습

케스트라의 단원들을 인터뷰해 보기로 했다. 먼저 그들에게 '연주 연습을 하고 수면을 취한 이후 연주가 좋아진 경험이 있다면 손을 들어달라'고 요구했다. 그 결과 전체 단원 45명 중 70퍼센트가 넘는 32명이 손을 들었다.

먼저 김윤희(서운중학교, 바이올린) 학생은 연습할 때 막혔던 부분이 하룻밤 자고 나면 머릿속에 각인되어 자동으로 손가락이 움직이는 경험을 했다고 말한다. 박태경(신반포중학교, 바이올린) 학생 역시 비슷한 경험을 했다. 그는 연주가 잘 안 풀리는 와중에 15분간 단잠을 자며 휴식을 취했는데, 잠에서 깬 후 막혔던 그 부분에서 신기하게도 틀리지 않고 매끄럽게 연주했다는 것이다.

우리는 이러한 학생들의 의견을 토대로 수면 실험을 해보기로 했다. 잠자는 동안 어린 연주자들의 뇌에서는 도대체 무슨 일이 일어나

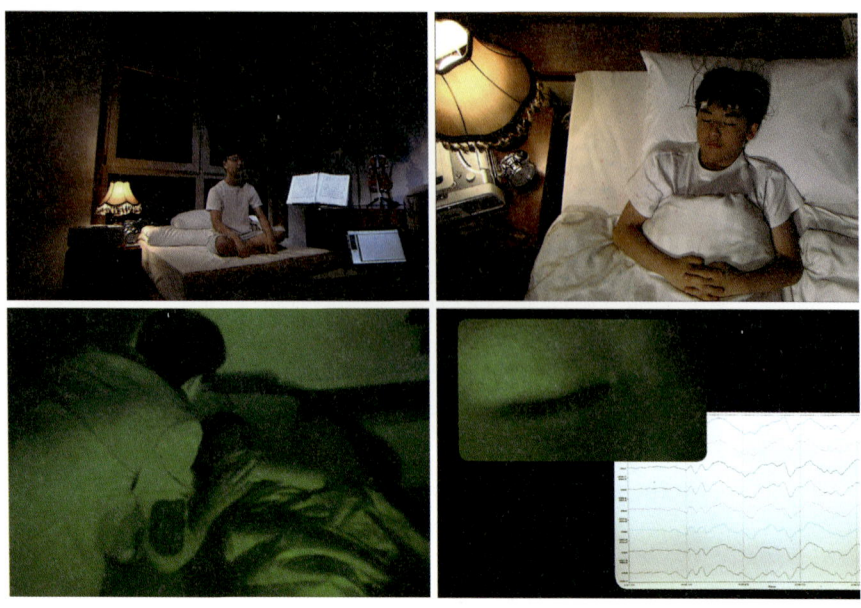

수면실험을 통해 자면서 기억을 정리하고 미래를 꿈꾸는 신비한 현상을 확인할 수 있었다.

는 것일까?

태경이가 속한 오케스트라는 곧 연주회를 앞두고 있다. 우리는 태경이가 잠들기 전 연주곡 중에서 가장 어렵다고 느끼고 있는 '마술피리'를 틀어주고 머리에 뇌파 장치를 장착했다. 이 뇌파 장치는 잠자는 동안 태경이의 뇌에서 발생하는 전기 신호를 기록하게 된다. 태경이는 이내 잠이 들었고, 잠시 몸을 뒤척이더니 어느 순간 더 이상 움직이지 않았다. 대신 두 눈이 빠르게 움직이는 상태가 되었다. 꿈을 꾸는 중인 것이다. 뇌파도 요동을 쳤다. 팔과 다리의 근육이 경직된 상태가 되었다. 태경이는 무슨 꿈을 꾸고 있을까?

우린 태경이가 무슨 꿈을 꾸는지 알아보기 위해 태경이를 살짝 흔들어 깨웠다. 태경이는 '마술피리'를 연주하는 꿈을 꾸었다고 말했다. 그것도 존경하는 막심 벤게로프 연주회에 가서 자신이 주도적으로 연주하는 꿈이었다.

태경이는 자는 동안 깨어 있을 때 경험하고 느꼈던 기억들을 정리하고, 미래 자신의 모습을 꿈꿔보는 등 '잠을 자도 깨어 있는' 수면의 신비한 체험을 하고 있었던 것이다.

▶▶▶ 초파리, 인간 유전자 정확도 74퍼센트

'인간은 잠을 자면서 중요한 기억은 남기고 필요 없는 정보는 지운다.'

과학자들에 따르면 인간의 기억에 관해 숨어 있던 비밀들이 아주 작은 곤충을 대상으로 한 실험에 의해서 하나둘씩 밝혀지고 있다.

한여름에 과일을 먹을 때나, 음식물 쓰레기 주변에서 성가시게 날아드는 곤충이 있다. 바로 초파리다. 초파리를 좋아하는 사람은 없겠지만, 과학과 의학 발전에 없어서는 안 되는 귀중한 존재가 바로 초파리다. 초파리는 100여 년 동안 유전학과 진화학의 실험, 야외 실습 등에 광범위한 연구 재료로 사용되고 있다.

초파리pomace fly는 파리목 초파리과 초파리속에 속한다. 한여름 농가에서 누룩으로 초를 만들 때 몰려드는 습성 때문에 초파리란 이름이 붙여졌다. 야채나 과일 등이 썩은 곳에도 잘 몰려들기 때문에 일명 '과일파리'라고도 한다. 겹눈은 크고 붉으며 몸 크기는 2~5mm

정도로 아주 작아서 쉽게 모양새를 알아보기 어려울 정도다. 몸빛은 누런색인 노랑초파리가 많다. 전 세계에 약 2000여 종의 초파리가 있다. 우리나라에서도 100여 종이 넘는 초파리가 살고 있다.

초파리 중에서도 노랑초파리가 가장 유명하다. 이는 노랑초파리가 미국의 유전학자인 토머스 모건$^{\text{Thomas Hunt Morgan}}$의 실험 재료로 많이 사용되면서 널리 알려졌다. 초파리의 유전자는 놀라울 정도로 인간의 유전자와 일치하는데 그 비율이 자그마치 74퍼센트나 된다. 이 때문에 암, 파킨슨병, 치매, 비만 등의 질병 연구에 초파리가 널리 쓰이고 있다. 미국 워싱턴대학교 신경생물학과 폴 쇼$^{\text{Paul J. Shaw}}$ 박사도 이러한 연구자들 중 한 사람이다. 그는 하루에도 몇 번씩 초파리를 재웠다 깨웠다를 반복한다. 그때마다 초파리들의 뇌 속 신경세포에서 정보를 주고받는 터미널인 시냅스에 불이 들어온다. 이 실험을 통해 낮 동안 늘어난 시냅스의 숫자가 잠이 들면 줄어든다는 사실을 발견했다.

폴 쇼 박사는 이런 상황을 받은 이메일 편지함을 비우는 것과 같다고 말한다. 우리는 하루에도 수십 통, 수백 통의 이메일을 받는다. 때로는 수많은 이메일 속에서 원하는 메일을 찾는 데 애를 먹기도 한다. 뇌 속도 마찬가지다.

우리는 깨어 있는 동안 수많은 새로운 시냅스를 연결하지만, 이 모든 연결이 중요하거나 유용한 것은 아니다. 따라서 수면의 역할은 깨어 있는 동안 연결된 무수한 시냅스의 연결고리들을 중요도에 따라 정리해 주는 것이다.

매년 연말이면 대학을 수석으로 입학한 학생들의 학습 경험담이 신문의 헤드라인을 장식하곤 한다. 이 학생들의 공통된 소감은 공부 양을 늘리기 위해 2~3시간 자는 것은 오히려 몸의 컨디션과 리듬을 깨기 때문에, 평균적으로 6~7시간 동안 충분히 자면서 공부했다는

> **tip**
>
> ### 초파리와 수면 연구
> **_ 폴 쇼 박사**
> 〈Waking Experience Affects Sleep Need in Drosophila〉 논문 발췌
>
> 첫 번째 실험화(사회화)시킨 초파리는 낮잠을 1시간 내내 자는 반면, 혼자 고립된 것들은 15분 선잠에 그쳤다. 그룹의 사이즈에 비례해서 잠자는 시간은 변한다. 초파리의 수면 유전자는 사회화에 영향을 많이 받는 것으로 나타났다.
>
> 두 번째 실험으로, 이미 짝지어진 암컷 초파리와 조작해서 암컷 페로몬 향을 풍기는 수컷 초파리가 있는 공간에 다른 무리의 수컷 초파리들을 투입했다. 그러면 수컷 초파리들과 구애에 반응하지 않는 가짜 암컷 초파리와의 숨바꼭질이 시작되고, 활동 강도가 높아진 수컷 초파리들은 보통 초파리들보다 훨씬 더 긴 시간 수면을 취해야 하는 결과를 낳는다. 수컷 초파리들은 이틀 동안 고립된 후 다시 구애를 받아들일 수 있는 암컷 초파리에 노출된다. 그러나 수컷 초파리들은 구애 행동을 보이지 않았다. 이전에 실패 경험을 기억하고 있는 것이다. 시냅스는 초파리가 활동하는 낮 동안 계속 증가하다가 잠을 자는 동안 줄어든다.
>
> 남길 것은 남기고 지울 것은 지우는 것, 덜 중요한 연결은 끊어지고 중요하게 부호화된 연결이 유지된다는 것은 뇌의 효율성과 관련 있다. 낮 동안 경험을 하면서 새로운 시냅스가 만들어지는데, 만약 수면을 취하지 않으면 시냅스의 효율적인 소멸이 이루어지지 않게 되고 그로 인해 뇌가 과부하가 되면서 학습 능력이 낮아지게 된다.
>
> 폴 쇼 교수는 많은 사람들이 일을 하는 데 있어 성공하고 싶은 마음에 잠 자는 시간을 줄어야 하는 것으로 아는데, 최상의 컨디션에서 일을 잘할 수 있는 최우선 조건은 잠을 자는 것이라고 강조한다.

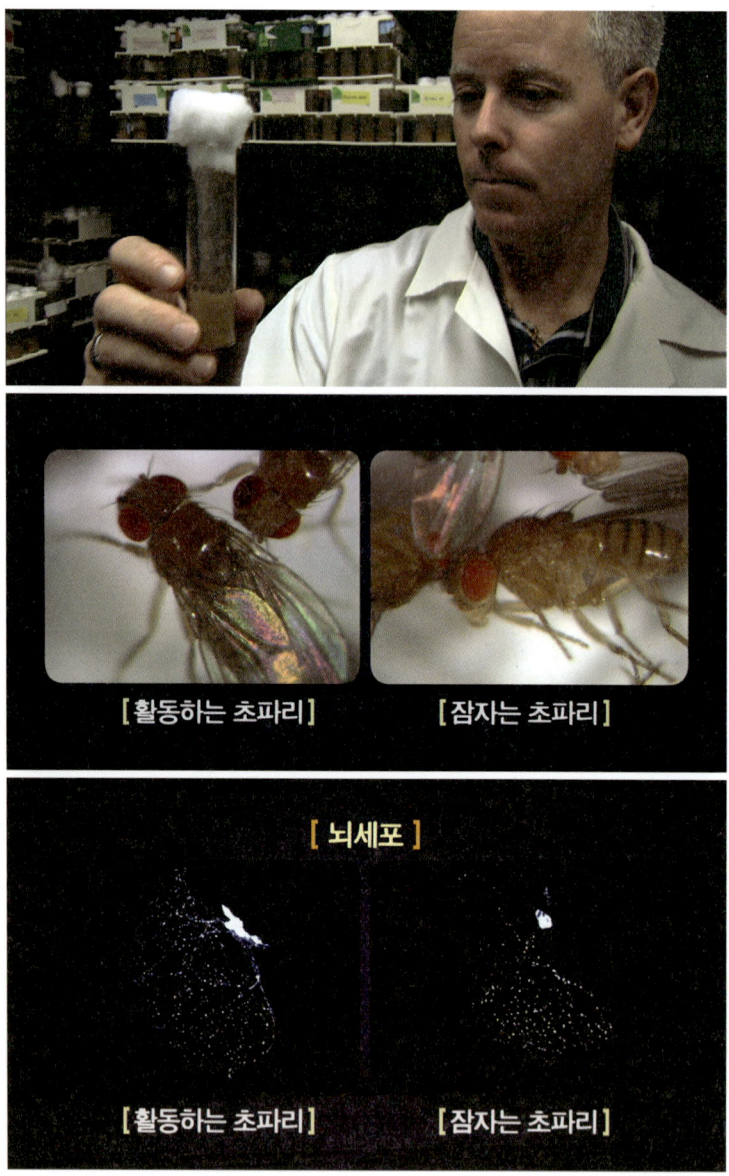

[활동하는 초파리]   [잠자는 초파리]

[뇌세포]

[활동하는 초파리]   [잠자는 초파리]

폴 쇼 박사는 초파리 실험을 통해 잠자는 동안 초파리의 뇌세포 시냅스가 줄어드는 것을 발견했다.

것이었다. 이것은 초파리 실험을 통해 얻는 수면 활용의 중요성이 효과적인 학습 태도에도 적용될 수 있다는 것을 의미한다.

뇌는 무한대로 새로운 시냅스를 만들 수 없다. 밤을 새우는 벼락치기는 지워야 할 기억을 지우지 못해서 효율이 떨어지는 현상을 불러온다. 기억 인출에 문제가 생기는 것이다. 따라서 일의 능률을 올리고 싶다면 충분한 수면을 통해 기억의 정리 정돈이 필요하다.

▶▶▶ 인생을 바꾸는 수면

얼마 전 한 방송사에서도 수면이 일상생활 및 아이들의 인성발달에 얼마나 중요한 것인지에 대한 다큐멘터리를 방영한 적이 있다.

이 방송에 출연한 아이는 자신의 뜻이 관철될 때까지 말보다는 울음으로 표현을 대신한다. 과자를 먹고 싶은 아이는 한 시간 이상 떼를 써서 결국 과자를 손에 넣는다. 고집이 세고 울음으로 모든 뜻을 이루려다 보니 친구관계도 원만하지 못하다. 이와 함께 주위가 산만한 증상도 보인다. 한 가지 일에 집중하지 못하고 이것저것 만지며 돌아다닌다. 자연히 이를 지적하는 엄마는 아이를 야단치고 설득도 해보지만 아이의 태도는 바뀌지 않는다.

이 아이에게는 어떠한 문제가 있는 것일까?

한 대학병원의 소아 정신과에서 이 아이의 행동을 장시간 관찰했다. 그 결과 이 아이는 과잉행동장애[ADHD]가 발견된다는 진단이 나왔다. 그 원인을 찾기 위해 우선 수면검사를 실시했다. 아이는 수면의 양과 질을 검사할 수 있는 수면다원 검사를 받았고 일상 정보활동을 기록하는 액티와치Actiwatch를 착용했다.

검사 결과, 아이는 코를 많이 골며 평소 밤 12시가 넘는 늦은 시간에 잠을 잔다는 문제점이 발견되었다. 하지만 이보다 심각한 문제는 깊게 잠들지 못하는 수면습관이었다. 결국 이 아이는 수면이 충분하지 않았기 때문에 생활함에 있어 집중력이 떨어지고 무력감에 짜증스러움이 많아지게 된 것이다.

그렇다면 수면 부족이 일으키는 기억력 감퇴의 이유는 무엇일까?

우리는 낮에 여러 활동을 하면서 기억으로 저장한다. 그러나 보고,

> **tip**
>
> **고3 수험생을 대상으로 한 수면 개선 프로젝트**
>
> 한 연구기관에서 고3 학생들을 대상으로 수면에 대한 의식 조사를 실시했다. 고3 학생들 중 지원자 11명을 대상으로 수면 습관 개선 프로젝트도 실시했다. 먼저 학생들에게 잠의 중요성을 알려주었고, 코골이가 있는지 혹은 편도선에 이상이 없는지 등의 이비인후과 검사와 평소 수면 습관에 대한 상담, 수면 다원 검사를 통해 학생들의 수면 문제점을 입체적으로 파악했다. 그 결과 전체적으로 수면의 양이 부족한 것으로 나왔고, 잠자는 시간대가 너무 늦어 지연성 수면 장애가 일어나고 있었다. 그래서 수면 습관 개선을 위해 3가지 생활 수칙을 정해 주었다.
>
> 첫 번째 생활 규칙 : 하루 7시간 자기
> 두 번째 생활 규칙 : 규칙적인 생활 습관
> 세 번째 생활 규칙 : 하루 30분 이상 햇빛 보기
>
> 특히 햇빛 보기는 머리를 맑게 해주고 기분을 좋게 해준다. 또한 수면 유도 호르몬인 멜라토닌을 밤에 많이 분비시켜 숙면에 도움을 준다. 수면 습관 개선 3주 후 다시 찾은 학교. 수면 습관 개선 프로젝트를 하는 아이들은 그 전과는 다르게 수업에 매우 열중하는 모습이었다.

듣고, 만지는 등의 모든 것들을 기억으로 저장할 수는 없다. 우리는 일단 오감으로 받아들여진 것들에 대해서 측두엽에 위치한 해마에 저장한다. 이것은 정보를 임시로 저장하는 단계이다.

그 후 잠을 자면서 렘 수면 상태일 때 이 해마의 활성화가 본격화된다. 즉 정보가 재정리되고, 필요한 정보는 신피질로 이동하여 장기 기억으로 저장한다. 따라서 잠을 충분히 자지 못하면 렘 수면을 통한 기억 저장에 문제가 생기게 된다. 이는 단기적으로는 기억력 감퇴를 불러오지만 장기간 지속된다면 지능발달에도 문제를 일으킬 수 있다.

뇌는 낮에는 활발히 활동하고 밤에는 잠을 통해 휴식을 취하게 된다. 이 중 뇌가 활발히 활동하는 수면 단계를 렘 수면 단계라고 하는데, 이 상태에서는 뇌가 낮 시간에 학습할 때 일어나는 활동과 비슷한 움직임을 보인다. 대부분의 사람들은 렘 수면 단계 때 꿈을 꾸는데, 이 상태에서 기억이 정리되고 정돈된다. 때론 뇌신경에 이상이 있는 경우 꿈속에서 하는 행동을 실제 행동으로 나타내기도 한다.

> **tip**
>
> **렘 수면**
>
> 렘 수면Rapid Eye Movement : REM은 미국의 수면 연구가 내서니얼 클라이먼트Nathaniel Cliement와 윌리엄 디멘트William Dement에 의해 1975년에 발견되었다. 렘 수면 상태에서 몸 근육은 거의 마비상태처럼 경직된다. 이와 대조적으로 뇌 활동은 활발해지고 안구의 움직임도 빨라진다. 렘 수면이 진행되는 동안 몸에서 뇌로 향하는 피의 흐름이 빨라지는 것이다. 이 시간 동안 아이들의 뇌는 성장하고, 성인의 경우에는 몸의 피로를 푼다. 성인의 경우에는 잠든 지 90분 이내에 렘 수면을 경험한다고 한다. 밤새도록 90분 간격으로 렘 수면이 반복되고, 깨어나기 직전 약 30분의 렘 수면으로 끝을 맺는다.

Information

잘 자는 아이가 창의력이 높다

: 서울대학교 의대 서유헌 교수의 글 〈잠, 창의성의 보물창고〉 중에서 요약

우리는 인생의 대부분을 자면서 보낸다. 그만큼 잠은 인간이 생명을 유지하고 살아가는 데 필수적이며, 우리에게 새로운 삶의 활력소를 제공해 준다. 수면은 고갈된 신경전달물질을 보충해 활발한 뇌 활동을 도와준다. 또한 뇌신경세포의 발병을 막아주는 자기방어 역할도 한다. 따라서 잘 자는 것은 뇌 기능을 적절히 유지하고 건강을 지키는 첫 걸음이다. 잠을 잘 자면 치매 예방에도 도움이 된다.

잠을 자는 동안 우리의 인생과 역사를 바꾼 혁신적인 아이디어를 생각해낸 사례 또한 많다. 뇌정보전달의 원천인 신경전달물질을 처음으로 증명함으로써 뇌 연구에 신기원을 열어 노벨의학상을 받은 오토뢰비Otto Loewi 박사조차도 실험의 핵심 과정이 잠자는 사이 떠올랐다. 소설가이자 시인인 로버트 루이스 스티븐슨Robert Louis Balfour Stevenson은 수면 중 《지킬박사와 하이드》의 아이디어를 얻었고, 모차르트와 베토벤 등 천재 작곡가들도 많은 곡의 악상을 잠자는 사이 떠올려 인류에 큰 축복을 남겼다. 폴 매카트니가 꿈속에서 떠오른 멜로디로 만든 〈예스터데이Yesterday〉의 선율은 지금까지 우리를 감동시킨다.

깨어 활동하고 있는 동안 뇌는 깊은 생각에 집중하지 못하고 수많은 문제에 매달리게 된다. 하루 동안의 생각들을 정리하고 숙고하는 때가 수면 시간이다. 잠자는 사이 새로운 아이디어와 창의적인 착상이 떠오른다. 특별히 관련이 없는 정보들을 연결하고 새로운 연관을 만들어내며 창의성을 낳게 된다.

서로 잘 들어맞지 않는 생각들과 기억들을 연결하는 것이 바로 창의성의 기본이다. 옥스퍼드대학교 신경과학과 러셀 포스터Russell Foster 교수는 "수면 부족은 창의성을 죽이고, 숙면은 새로운 문제해결책을 낳을 수 있다"라고 말하며 수면의 중요성을 강조한다.

▶▶▶ 뇌를 쉬게 하라

　최근 미국 위스콘신 대학교 매디슨캠퍼스 연구팀의 수면과 뇌의 상관관계에 관한 연구 결과가 주목을 받고 있다. 쥐 실험을 통해 이루어진 이번 연구는 특히 청소년기에 잠을 충분히 자지 못하면 기억력에 심각한 문제가 발생하게 된다는 사실을 밝혀냈다.

　이번 실험에서 고의적으로 수면을 부족하게 만든 피실험체인 쥐의 시냅스가 크게 손상되었다. 시냅스는 기억력과 학습능력에 결정적 역할을 하는 것으로 알려져 있다. 즉 시냅스 발달에 있어 수면이 상당한 관련이 있다는 것을 의미한다. 깨어 있을 때 뇌 세포는 활발한 활동을 하다가 수면에 들어가면 시냅스가 재정비된다.

　시냅스 활동이 활발한 청소년시기에 수면이 지속적으로 부족하게 되면 시냅스에 심각한 손상을 초래해 청소년들의 학습능력을 떨어뜨리게 되는 것이다. 이 연구팀은 뇌의 변화가 민감한 청소년기에는 8시간 이상의 숙면을 취하는 것이 중요하다고 지적한다.

　수면과 기억력과의 중요도와 함께 현대사회에 크게 이슈화되고 있는 것은 바로 수면과 우울증과의 관계이다. 현대인들은 점점 가속화되는 경쟁시스템 속에서 군중 속의 고독으로 내몰리고 있다. 그 속에서 우울증 환자는 지속적으로 늘어나고 있는 추세이다. 우울증 증세로 수면장애가 오는 경우도 있고, 반대로 수면장애로 우울증 증세가 심화되는 경우도 있다.

　수면장애를 치료하지 못하면 우울증의 완벽한 치료도 기대하기 어렵다. 이와 관련하여 최근 로체스터 대학 연구진은 미국수면학회

충분한 수면시간이 학습에 도움이 되는 것을 증명하는 신문 기사들.

를 통해 불면증이 있는 우울증 환자들은 치료 기간과 증상이 길다는 사실을 발표했다. 연구진들은 불면증이 있는 우울증 환자가 숙면하는 환자 보다 6개월 이상 치료 시간이 필요하며, 치료 후에도 여전히 우울증을 앓을 가능성이 11배 높다고 주장했다.

숙면은 낮 동안 활발히 활동한 뇌의 휴식을 돕는다. 인간은 잠자는 동안 담아둘 정보와 기억으로 남길 정보를 분리하고 저장한다. 또한 다시 깨어나서 취할 행동과 미션을 재정비하게 된다. 잠을 통한 충분한 뇌의 휴식이 지속적으로 부족하게 되면 우울증 초기 증세는 중증으로 발전되고, 신체의 리듬이 깨져 다시 정신세계를 위협하는 악순환에 빠지게 된다.

숙면을 통한 뇌의 휴식이야말로 우리가 꼭 체크해봐야 할 건강한 삶의 중요한 원천이다.

▶▶▶ 꿈과 추억의 상관관계

'꿈과 추억이 어떠한 상관관계가 있을까?'라는 질문에 언뜻 대답하기 어려울지 모른다. 이 두 가지의 형태는 깨어 있을 때와 의식이 수면 아래로 가라앉을 때 발생하는 일이라 생각하기 때문이다. 꿈이란 과거에 기억으로 저장된 것을 출력, 재생시키는 과정이다.

정신분석학자 프로이트는 꿈을 무의식의 표현이라 말했지만, 오랜 기간 이러한 이론은 과학적으로 증명되지 못했다. 하지만 꿈의 영역에 노선장을 내민 많은 의학자들이 발달된 의학기기를 통해 꿈의 비밀을 하나둘씩 분석해 가고 있다.

인간은 대부분 렘 수면기에 꿈을 꾼다. 이때 뇌파의 한 종류인 '세타파'가 발생한다. 렘 수면 동안에 세타파가 발생하기 때문에 꿈의 생성과 이동, 형태 변화 등을 추적할 수 있다. 특히 갓난아기의 경우는 성인보다 렘 수면기가 장기간 지속된다. 이는 무의식 속에서 앞으로 살아갈 생존을 위해 기억해야 할 일들이 많기 때문이다.

꿈과 기억은 같은 발생 원리를 가지고 있다. 따라서 추억이 없는 사람은 꿈을 꿀 재료가 없는 것이다. 꿈 또한 기억을 저장, 강화, 변형해 나가는 기억 과정의 한 부분이라고 볼 수 있다.

생물들은 생존과 직결된 경험을 축적하거나 생존을 위해 중요한 일을 할 때는 대뇌피질에서 세타파가 발생하여 주 기억 저장 장소인 해마에 전달한다. 이때 발생한 세타파는 해마의 신경세포에 저장되어 세타파를 발생시켰던 상황을 오랫동안 기억하게 된다.

발명가 토마스 에디슨의 잠버릇은 유명하다. 창의력을 죽이지 않기 위해서 깊은 잠을 피하고 항상 선잠을 잤다고 한다. 선잠을 잘 수

tip

기억력을 높이는 해마 세타파

해마 세타파는 학습이 이루어지는 동안 발생한다. 이것은 시냅스 가소성과 기억 형성 유지를 돕는 것으로 알려져 있다. 세타파는 '무엇을 하고자 하는 기분' 상태에서 분출된다. 즉 새로운 장소를 탐색하거나 어떤 사물에 주의를 기울이거나 흥미를 갖는 상태에서 발현되는 것이다. 바꿔 말하면 세타파가 나오고 있을 때는 우리의 뇌가 무엇인가를 지각하고 기억하려는 상태에 있다는 것을 뜻한다. 그러나 현재 세타파가 뉴런 활동과 정확히 어떻게 연관되어 있는지, 어떠한 자극을 받아야 발생하는지에 대해서는 밝혀지지 않았다.

있는 자세를 취하고 자다가 문뜩 정신이 들면 꿈에서 생각했던 아이디어를 메모하고, 다시 잠들었다고 한다. 수면을 통해서 뇌의 피로를 해소하는 것이 일반적이지만, 최대한 꿈을 이용해 의식을 극대화시킨 그의 노력이 놀라울 뿐이다.

▶▶▶ 세타파, 기억력을 높이다

최근 통찰력, 창의력을 발현하는 순간에도 세타파 발생을 느낄 수 있다는 연구 결과가 나왔다. 즉 복잡하고 힘든 문제를 풀기 위해 고심하다가 결국 문제 해결방안을 찾았을 때 세타파가 발생된다는 것을 과학적 실험을 통해 증명한 것이다. 또한 인간은 이러한 상황 이외에 직관의 힘, 깨우침에 도달하는 순간 강한 세타파를 발생시킨다는 사실도 발견했다.

사람들은 마음의 안정과 안정된 뇌 활동을 위해 명상을 하기도 한다. 명상은 세타파를 발생시켜 인지 기능 향상과 더불어 신체 강화에도 도움을 주는 것으로 알려져 있다. 운동선수 중에는 극한의 힘을 발휘한 순간 세타파가 발생하면서 명상 때 느꼈던 경지를 경험하게 된다. 운동 중에 세타파가 발생하게 되면 고통과 피로감 등이 사라지고 마음의 평정을 얻으면서 쾌감까지 느끼게 된다. 세타파가 극대화됐을 때에는 자신의 한계를 뛰어넘는 힘을 가지게 되고 이러한 힘은 놀라운 결과를 가져온다. 예를 들어 마라톤과 같이 인간의 한계를 뛰어넘는 운동에서 대부분의 마라토너들은 마의 고지까지는 엄청난 고통을 느끼지만, 그 고지를 넘게 되면 고통을 잊고 무중력 상태의 기분으로 결승선을 통과하게 된다고 말한다. 이러한 기분이 잘 컨트롤 될 때 세계신기록이 나올 확률도 높아진다.

한편 우리는 세타파와는 반대의 파장인 '베타파'를 경험하기도 한다. 베타파는 극도의 스트레스를 받거나 우울감, 불안감이 생길 때 발생한다. 또한 몸이 무겁게 느껴지고 무기력증과 같은 기분이 든다면 세타파보다는 베타파에 의해 우리의 뇌가 움직이고 있는 것이다. 예를 들어 한 피실험자가 복잡하고 힘든 문제를 풀어나가는 과정에서는 베타파가 발생하지만 그 문제를 해결한 순간 세타파로 바뀌게

tip

수면 부족과 기억력의 상관관계

_ KAIST 유승식 교수, 《뉴로사이언스》 2월 12일자 온라인판 내용 참조

카이스트의 유승식 교수는〈수면 부족 상태에서의 인간 기억능력 저하〉라는 논문을 통해 '부족한 수면은 새로운 기억의 생성·유지에 필요한 해마의 기능을 일시적으로 저하시킨다'는 사실을 발표했다.

연구팀은 우선 18세에서 30세 사이의 피실험자 28명을 14명씩 2개의 집단으로 나누었다. A집단은 35시간 이상 수면을 취하지 못하게 한 후 여러 장의 사진을 보여주고 기억 여부를 확인했다. 동시에 MRI를 통하여 뇌기능을 관찰하는 작업을 병행했다. 반면 B집단은 7~9시간의 충분한 수면을 취하게 한 후 실험에 참가시켰다. 이틀 후 수면이 부족한 A집단의 실험자들은 수면 부족 상태에서 본 사진을 잘 기억하지 못했고, 충분히 수면을 취한 B집단의 피실험자들에 비해 기억력이 19퍼센트나 떨어지는 것으로 나타났다. 이와 함께 뇌의 시상Thalamus과 뇌줄기Brain stem가 기능이 떨어진 해마의 기능을 도와주는 것으로 밝혀졌다.

이 실험은 35시간 동안의 일시적 수면 부족과 기억력의 상관관계를 알아본 것이다. 하지만 이를 통해 장기간의 수면 부족은 인간의 기억과 학습 능력에 지대한 영향을 끼칠 수 있다는 것을 유추할 수 있다.

된 결과로 증명할 수 있다.

　최근 이러한 이론을 바탕으로 세타파를 자극하고 발생시킴으로써 학습 능력을 향상시키는 방법을 개발해 나가는 연구가 활발히 진행되고 있다.

　기억은 다양한 경험과 사물을 체험하며 강화되는 것이 아니라 같은 정보라도 지속적으로 저장되었을 때 오래 유지되는 것이다. 즉 같은 정보를 열 번 보았다면 그 정보를 열 배 잘 기억하는 것이 아니라 몇 십 배 더 잘 기억할 수 있는 것이다.

 04 생존을 위해 **기억**을 버리다

▶▶▶ **고통의 탈출구 망각**

　우리의 뇌는 때로 주인을 보호하기 위해 믿을 수 없는 일을 하기도 한다.

　린 크룩Lynn Crook(미국 워싱턴 주 리치랜드, 67세)에게는 특히 그랬다. 크룩은 1남 5녀 중 첫째로 태어났다. 그녀는 풍족한 어린 시절을 보냈으며 의사인 아버지와도 사이가 좋았다. 그런데 48살이 되던 해 그녀는 사회를 발칵 뒤집는 한 사건의 주인공이 되었다. 그녀가 아버지를 고소한 것이다.

　고소 이유는 어린 시절 아버지로부터 성적 학대를 당했다는 것이었다. 사실 그녀는 40년 동안 그러한 기억을 잊고 살았다. 도대체 그녀의 이런 위태로운 기억은 어디에 숨어 있다가, 어떠한 이유로 다시 나타나게 된 걸까?

린 크룩의 6세 때와 소송 당시의 사진

    그녀는 그 악몽이 떠오른 것은 수도꼭지 때문이었다고 말한다. 어느 날 그녀는 싱크대 앞에 서서 수도꼭지에서 물이 나오는 것을 무심코 지켜보다가 불현듯 어린 시절 자신의 모습이 떠올랐다. 어린 시절의 기억으로 돌아간 그녀는 아버지를 올려다보면서 함께 샤워를 하고 있었다. 그녀의 손이 아버지의 강요에 의해 아버지의 신체 일부에 놓여 있는 모습까지 떠올랐다. 그 당시 그녀 나이는 다섯 살이었다. 그때부터 그녀는 대학생이 되어 집을 떠나기 전까지 아버지에게 몹쓸 짓을 당했던 자신의 기억을 모두 다 회상했다.

    그녀는 아버지를 고소했고, 미국 워싱턴 리치랜드 지역법원 재판

배신 트라우마에 대해 설명하는 에일린 주브리겐 교수.

부는 그녀의 손을 들어주었다. 그녀의 아버지에게는 약 15만 달러, 우리 돈으로 약 1억 7천만 원의 배상금이 부과됐다.

그녀는 첫 기억이 떠오르기 전까지 자신이 아버지와 관련된 모든 기억을 억압하고 있었다는 사실조차 인지하지 못했다. 그러나 첫 기억이 떠오른 이후부터 서서히 억눌렸던 모든 기억이 되살아나기 시작했다. 어느 날 집 복도에 서 있던 아버지가 옆을 지나가는 크룩의 엉덩이를 잡았다. 그리고 그녀는 몸이 굳은 채 어떤 반응도 보이지 못했다. 자신의 남편이 그 현장을 보고 말해 줄 때까지 아버지의 그런 행위를 전혀 기억할 수 없었다.

일부 심리학자들은 어린 아이가 믿고 따르는 어른으로부터 학대를 받을 경우, 학대 기억을 억누를 가능성이 높다고 말한다. 이를 배신 트라우마Betrayal Trauma라고 부른다.

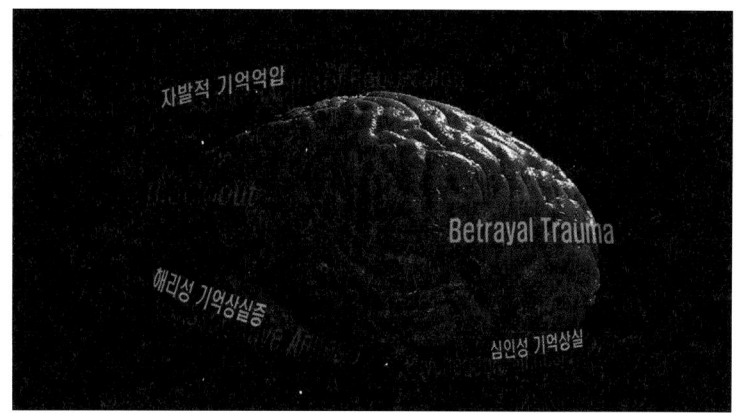

자발적 기억억압과 해리성 기억상실은 생존을 위해 악몽을 지우는 뇌의 작용이다.

에일린 주브리겐^{Eileen L. Zurbriggen} 교수(캘리포니아대학교 산타크루스 캠퍼스 심리학과)는 배신 트라우마는 자신을 보호할 힘이 없는 아이의 뇌가 생존을 위해 찾아낸 해결책이라고 말한다. 정신적 충격을 받고 분노하거나 부모로부터 버려지는 대신 부모의 학대를 모르는 척하는 것이다. 학대받은 사건으로부터 스스로를 분리시키거나 그냥 멍하게 있거나 잊어버리는 것이다. 그리고 오늘은 부모에게 사랑스러운 아이가 되어 그들과 다시 친밀하게 연결되고 보살핌 받기를 원하게 되는 것이다.

감당할 수 없는 악몽을 지우는 뇌의 작용을 의학에서는 '해리성 기억상실'이라고 한다. 40년이 지난 후에야 아픈 기억과 화해할 수 있었던 크룩은 지금 매우 안정적이고 행복하다. 그녀는 어렸을 때의 아픈 기억을 잊게 했던 망각이 오히려 지금까지 자신을 안전하게 지켜준 선물이었다고 말한다. 아프고 괴로웠지만 기억은 그녀에게 과거의 진실을 가르쳐준 선생님의 역할을 한 셈이다.

> **tip**
>
> **트라우마와 배신 트라우마**
>
> 트라우마는 일반적인 의학 용어로 '외상'을 뜻하나, 심리학에서는 '정신적 외상', '영구적인 정신 장애를 남기는 충격'을 말한다. 그러나 보통 후자의 경우에 한정되는 경우가 많다. 트라우마는 선명한 시각적 이미지를 동반하는 것이 대부분이며, 이러한 이미지는 오랫동안 기억된다. 사고로 인한 외상이나 정신적인 충격 때문에 사고 당시와 비슷한 상황이 되었을 때 불안해지는 것을 그 예로 들 수 있다.
>
> 이러한 증세는 개인에 따라 달라 충격 후에 바로 나타나거나 며칠에서 몇 년이 지난 후에 나타날 수도 있다. 급성으로 분류되는 경우에는 치료 후 비교적 예후가 좋지만 만성의 경우에는 후유증이 심하다. 환자 중 약 30퍼센트 정도만이 회복되고, 40퍼센트 정도는 가벼운 증세로 남는다. 그 나머지는 중증으로 분류되는데 사회적 복귀가 어려운 상태이다. 특히 신뢰를 유지한 관계에서 정신적·육체적 학대를 받아 생기는 트라우마를 배신 트라우마로 분리한다.

04  살아남는 **기억**, 감정 기억

▶▶▶ 후각을 자극하면 기억이 되살아난다

비오는 날 무심코 마신 커피향에 불현듯 옛 기억이 떠오른 적이 있을 것이다. 이처럼 인간은 매우 복잡하면서도 미묘한 기억 시스템을 가지고 있다. 그렇다면 어떤 기억은 남고, 어떤 기억은 사라지는 것일까? 또 어떤 자극에 의해 기억이 되살아나는 것일까?

프랑스 파리의 국립도서관, 그곳에서 그 비밀을 푸는 한 소설가를 만났다. 바로 20세기 최고의 소설 중 하나로 꼽히는 《잃어버린 시간을 찾아서la recherche du temps perdu》의 저자, 프랑스 소설가 마르셀 프루스트Marcel Proust다.

그는 파리 교외의 부유한 집안에서 태어났다. 아버지는 유명한 의사이자 병리학자였다. 그는 9세 때부터 천식을 앓았는데, 이것은 평

프랑스 파리의 국립도서관. 이곳에서 발견한 프루스트의 〈잃어버린 시간을 찾아서〉 친필 원고.

생의 숙환이 되었다. 병약한 그는 자기 연민에 빠져 어머니에게 편지를 쓰면서 대부분의 시간을 보냈다. 그러다가 덧없는 자신의 삶을 붙잡기 위해 소설가가 되었다. 진짜 삶은 박탈당한 채 침실에 갇혀 지내면서 말이다.

이러한 상황 속에서 그는 자기가 가지고 있는 유일한 것, 즉 자신의 기억으로 작품을 만들었다. '삶은 떠돌지만, 기억은 머물기 때문이다'라는 그의 말처럼 그가 살 곳은 바로 기억 속 삶이었다. 그리고 자신의 직관에 의지하여 자신의 예술을 위해 노예처럼 헌신한 끝에, 기억에 대한 믿음을 일대 이론이 될 만큼 심화시켰다.

그는 자신의 기억을 소재로 소설을 썼다. 기억과 망각의 경계를 푸는 단서는 바로 여기에 있다. 그의 정신 구조를 드러내는 한 조각의 물질, '심리적 요소들로 환원될 수 있는' 디저트 마들렌을 통한 잃어버린 시간에서 말이다.

"어느 겨울날, 나는 어머니가 끓여주신 차 한 잔과 과자를 먹으려던 참이었다. 과자 부스러기와 섞인 그 따뜻한 액체가 입 천장에 닿는 순간 나는 소스라치게 놀랐다. 설명할 수 없는 감미로운 쾌감이 나를 휩쓸었다. 어디서 이 기쁨이 왔을까? 어린 시절 고모가 내게 주던 마들렌 과자 조각의 맛이었다. 그것을 깨닫자 고모의 방이 있는 회색의 옛 가옥이 떠올랐다. 그리고 콩브레의 광장, 내가 쏘다니던 거리, 아담한 집과 성당, 스완 씨 정원의 꽃들 그 모든 것이 형태를 갖추고 뿌리를 내려 나의 찻잔에서 쏟아져 나왔다."

이와 같이 냄새와 연결된 기억이 잘 떠오르는 현상을 뇌 과학에서는 '프루스트 현상Proust phenomenon'이라고 부른다. 후각 신경은 다른 감각신경과 달리 변연계Limbic system의 편도체와 직접 연결돼 있다는 것을 백 년 전 한 소설가가 알아낸 것이다.

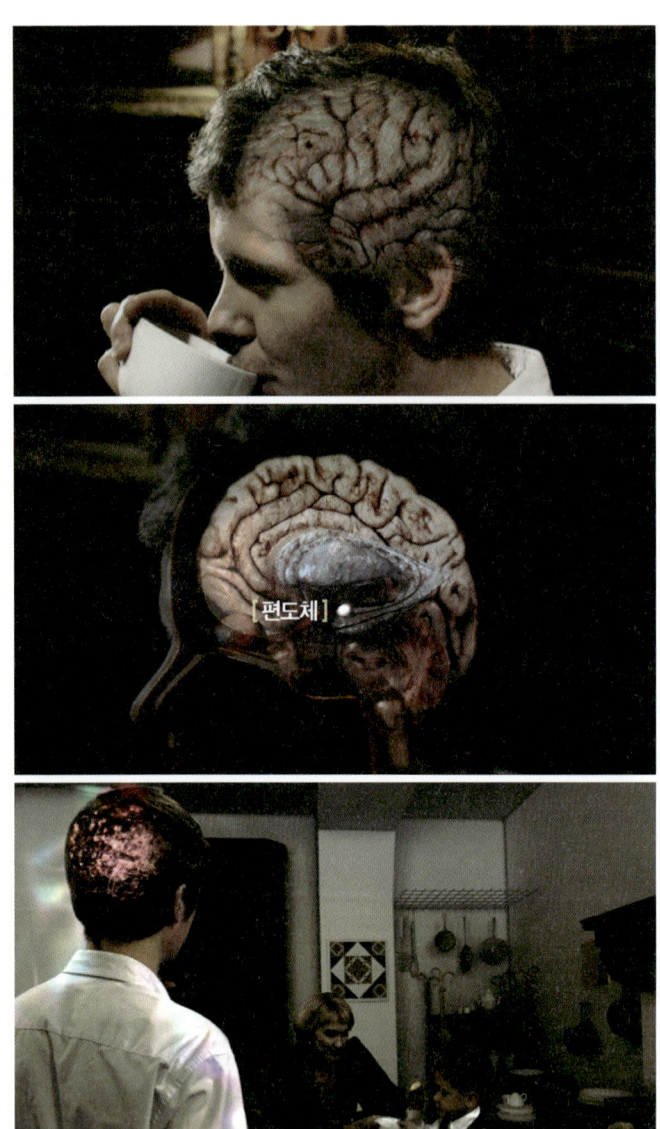

'프루스트 현상'은 후각 신경의 자극에 의해 과거의 일이 기억나는 현상이다. 이는 후각 신경이 편도체와 직접 연결돼 있어 가능하다.

▶▶▶ 프루스트는 신경과학자였다

과학비평가인 조나 레너$^{Jonah\ Lehrer}$는 프루스트의 작품 속 내용과 기억에 관한 여러 가지 소설 속 이야기들이 자신의 과학실험 결과와 일치한다는 것을 발견했다. 즉 현대 신경과학자들이 프루스트가 감각적으로 느끼고 표현했던 것들을 과학으로 증명하게 된 것이

> **tip**
>
> **프루스트 현상**
> 프루스트 현상은 냄새를 통해 과거의 일을 기억해내는 현상을 말한다. 프랑스 소설가 마르셀 프루스트의 대하소설 《잃어버린 시간을 찾아서》에서 유래되었고, 2001년 미국 필라델피아 모넬화학감각센터의 헤르츠^{Herz} 박사팀에 의해 과학적으로 입증되었다. 이 연구팀은 피실험자들에게 사진과 함께 특정 냄새를 제시했다. 그 결과 피실험자들이 사진만 보고 기억을 하려고 했을 때보다 냄새를 맡고 본 사진을 더 쉽게 기억해 낸다는 사실을 밝혀냈다. 이 결과를 바탕으로 과거의 어떤 사건과 관련된 기억들이 뇌의 지각중추$^{Sense\ center}$에 분산되어 있지만 서로 긴밀하게 연결되어 있다는 결론을 도출했다. 이는 흩어져 있는 감각신호 가운데 어느 하나만 자극하면 기억과 관련된 감각신호들이 동시에 반응하면서 더 많은 기억을 되살릴 수 있다는 것을 의미한다.
>
> **역 프루스트 현상**
> 프루스트 현상과 반대로 어떤 기억을 자극하면 이와 연결된 냄새 기억이 되살아날 수 있다. 이것이 역(逆) 프루스트 현상이다. 영국 런던대학교의 제이 고트프리드$^{Jay\ A.\ Gottfried}$ 교수는 사람들에게 사진을 보여주면서 특정한 향의 냄새를 맡게 했다. 그 후 향 냄새 없이 사진만 보여주었는데, 피실험자 뇌에서 냄새를 처리하는 부위가 활발하게 활동하는 것을 발견했다. 이것은 하나의 기억으로 연결된 시각, 청각, 후각 정보가 한데 모여 있지 않고 뇌 여러 곳에 흩어져 있지만, 모든 감각 기관이 하나의 기억을 유추하기 위해 작용한다는 것을 의미한다. 따라서 뇌에 분산돼 있는 하나의 감각 기억만 자극해도 이와 연결된 전체 기억이 되살아나는 것이다.

다. 프루스트는 신경과학자들이 최근에서야 밝혀내기 시작한 기억의 메커니즘을 이미 작품에 기술해 놓았던 것이다.

문학은 사실을 바탕으로 한 허구이다. 따라서 문학과 과학의 상관관계를 크게 인식할 수 없다. 그러나 문학은 '사실을 바탕으로'한 것임으로 때론 과학의 비밀이 곳곳에 숨겨져 있기도 하다.

이러한 예는 비단 프루스트만이 아니다. 후기 인상파의 대표적 인물인 폴 세잔Paul Céanne의 그림은 과학으로 증명할 수 있는 인간의 시각 메커니즘을 표현했다. 그는 그림을 그릴 때 사물을 알아보는 데 꼭 필요한 요소만을 그렸다. 실제로 우리의 눈은 카메라처럼 모든 것을 담는 것이 아니다. 또한 프랑스의 유명한 요리사인 오귀스트 에스코피에Georges Auguste Escoffier는 제5의 절대 미각을 발견했다.

이들은 어떻게 그 당시 과학으로도 증명할 수 없는 사실들을 알 수 있었을까? 그들은 상식에 사로잡히지 않고 자신들의 오감과 직감에 충실했다. 그들의 상상력이 과학자들의 연구 노력을 자극했다고도 볼 수 있다.

▶▶▶ 아픈 기억 지우기

평소에는 들리지 않던 유행가 가사가 유난히 가슴을 파고드는 날이 있다. 사랑하는 사람과 이별을 했을 때다. 이처럼 실연의 아픔은 누구에게나 잊고 싶은 기억이다. 또한 자신을 괴롭게 했다거나, 창피함을 당했던 기억들은 떠올릴 때마다 자신을 수치스럽게 만든다. 이렇게 원치 않는 기억들은 깨끗하게 지우고 싶다.

Interview #11

감정과 기억의 상관관계

: 조셉 르듀 교수 (뉴욕대학교 신경생리학과)

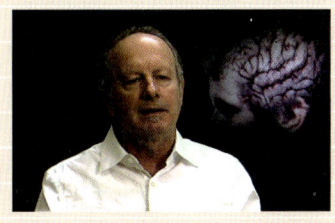

30년 동안 편도체만 짝사랑했다고 자신을 소개하는 조셉 르두 박사. 그는 감정을 불러 일으키면, 기억이 단단해진다고 설명한다.

"우리는 망각forgetting에 대해서는 잘 모른다. 흥미로운 주제이긴 하다. 다만 우리는 감정이 고조되면 기억이 강렬해지는 경향이 있다는 걸 알고 있다. 감정을 고조시키는 경험은 각종 호르몬을 생성시켜서 기억을 강화시킨다. 그러면 우리는 그 기억을 더 오랫동안, 더 잘 저장할 수 있다. 이는 플래시벌브Flash bulb 기억으로 불린다. 사진을 찍을 때 플래시가 펑 터지는 것처럼 굉장히 밝기 때문이다. 즉, 아주 밝게 빛나는 기억이다."

첫 경험이 쉽게 잊히지 않는 이유도 바로 이 편도체 때문이다. 해마로 정보가 들어올 때 설렘과 긴장감이 편도체를 자극하면 강한 기억의 자국이 새겨진다. 그러나 편도체에는 좋은 기억만 저장되는 것이 아니다. 바로 감정 기억 중에는 공포 기억도 포함되어 있기 때문이다. 감정에 의해 기억이 단단해지고 강화되듯이 공포에 대한 기억 또한 우리에게 강하게 남아 있는 것이다.

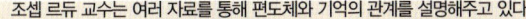

조셉 르듀 교수는 여러 자료를 통해 편도체와 기억의 관계를 설명해주고 있다.

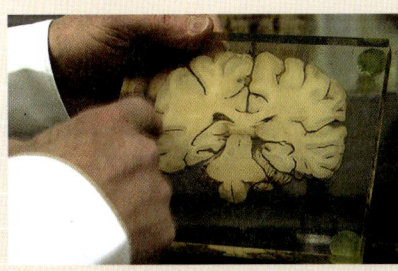
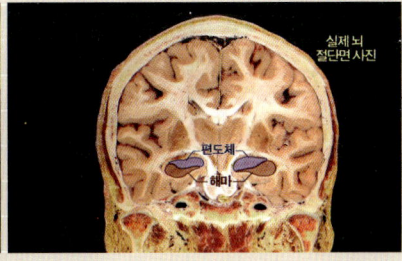

한진희 박사(카이스트 생명과학과)팀은 캐나다 연구진과 함께 기억을 지울 수 있는 가능성을 찾아내 《사이언스》지에 발표했다. 연구진은 쥐 실험 세트 바닥에 전류가 흐를 때마다 '삐' 소리가 나게 장치를 했다. 몇 번의 전류 자극이 주어졌고, 쥐는 그 소리가 나면 자연스럽게 공포 반응을 나타냈다. 공포 기억을 갖게 된 것이다. 연구진은 크랩Crab이라는 단백질에 주목했다. 공포 반응를 나타낼 때 크랩을 많이 저장한 편도체 신경세포들이 더 활성화되는 것을 발견한 것이다. 이것은 반대로 활성화를 억제하면 공포를 제거할 수 있다는 것을 의미한다. 그래서 한 박사팀은 이 단백질이 들어 있는 세포를 제거하는 디프테리아 톡신이라는 독성물을 쥐에게 주사했고, 이후 쥐는 더 이상 공포를 기억하지 못했다.

한진희 박사는 "공포 기억 제거가 머지않아 인간에게도 가능할 것"이라고 말한다. 그의 말처럼 머지않은 미래에 우리는 어쩌면 공포 기억을 저장하는 세포만을 찾아내서 제거할지도 모른다. 자신이 괴로워하는 공포 기억들은 스스로 선택해서 지울 수 있다는 뜻이다. 그러나 이러한 과학의 이기가 인간에게 행복한 삶을 보장해 줄 것이라고 단정 짓기에는 우리의 뇌와 인생은 너무나 복잡하고 오묘하다.

▶▶▶ 고통을 잊는 최면 수술

즐거운 기억이 나쁜 기억과 통증을 잊게 만들 수도 있다. 벨기에 리에쥬병원에서는 마취 없이 진행하기에는 상당히 고통스러운 갑상선 제거수술, 탈장 수술, 코 성형수술, 가슴 수술, 머리뼈를 추출하여

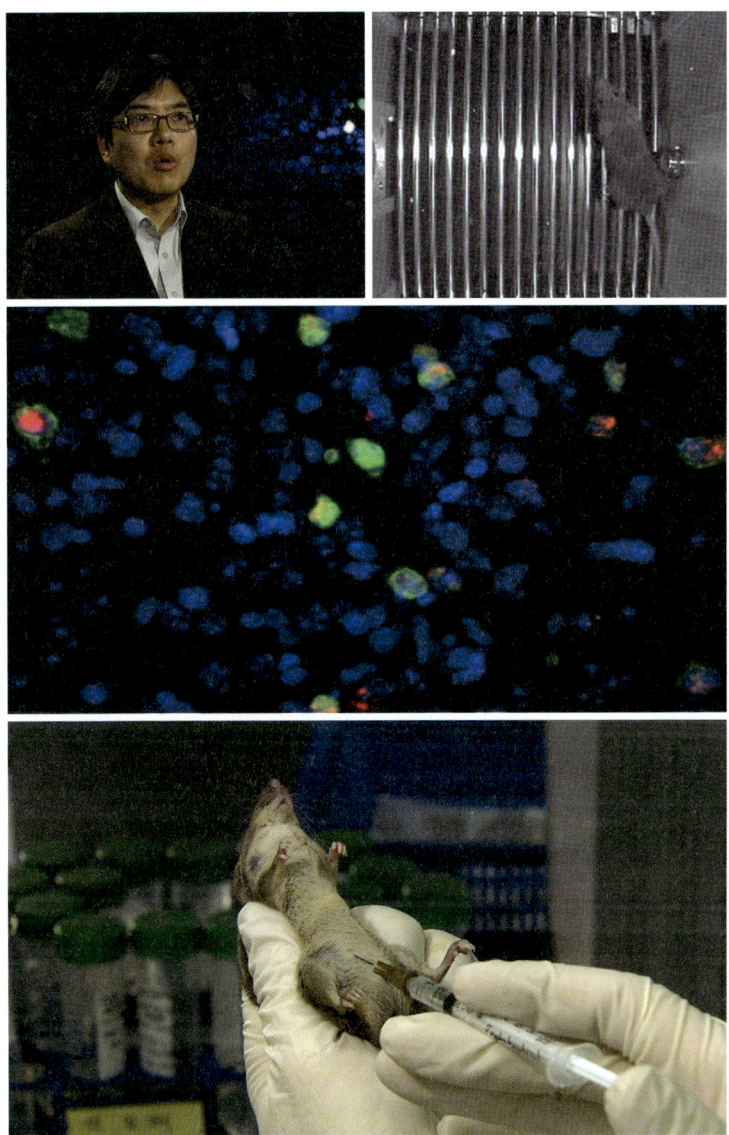

한진희 박사 팀의 공포 기억 소거 실험. 전뉴 자극에 의해 공포 기억이 새겨진 쥐의 신경세포들이 붉게 활성화되었다. 그후 쥐에게 디프테리아 톡신을 주사하면 쥐는 더 이상 공포를 기억하지 못한다.

턱에 주입하는 수술 등에 최면을 이용하고 있다.

　이곳에서는 일반 병원의 수술실과는 사뭇 다른 모습이 펼쳐진다. 목 갑상선 수술을 받는 베로니에 비에지아갸(49세) 씨는 소량의 진정제만 맞은 채 수술에 들어간다. 마음을 편안하게 하는 음악이 흘러나오는 가운데 조르 주리스 마취과 의사가 눈을 감고 있는 환자에게 뭔가를 계속해서 말한다. 최면을 걸고 있는 것이다.

　"본인에게 집중하시고 본인의 기억에 집중하십시오. 추억들에 집중하십시오. 바캉스 시즌입니다. 코르시카 섬으로 떠나기 위해 여행 가방을 준비합니다."

　"너무 기분 좋습니다."

　동시에 수술 외과의사는 메스로 환자의 갑상선을 절개하고 있다. 환자에게 상당한 통증이 예상됨에도 불구하고 환자는 고통을 느끼지 못하는지 편안해 보인다. 마치 눈을 감고 누군가의 감미로운 이야기에 귀 기울이고 있는 것처럼 보인다. 그러면서도 의식은 깨어 있는지 최면을 유도하는 의사의 말에 따라 환자는 눈을 감았다 떴다 하는 반응을 보이고 있다. 약 2시간에 걸친 수술이 끝난 후 더욱 흥미로운 광경이 펼쳐졌다. 13센티미터 크기의 갑상선을 제거한 환자가 수술이 끝나자마자 아무 통증이 없는 것처럼 담당한 의사와 대화를 나누는 것이었다. 만약 전신마취를 했다면 그녀는 의식을 잃은 채 몇 시간 동안 회복실에서 있어야 했을 것이다.

　최면 수술이 전신마취를 한 수술에 비해 환자에게 무엇이 좋을까? 이 병원 마취과 과장인 페로몽 박사는 "전신마취를 하면 환자가 코

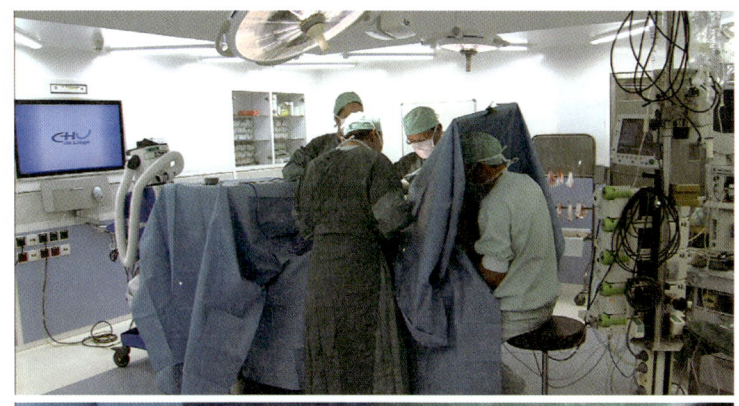

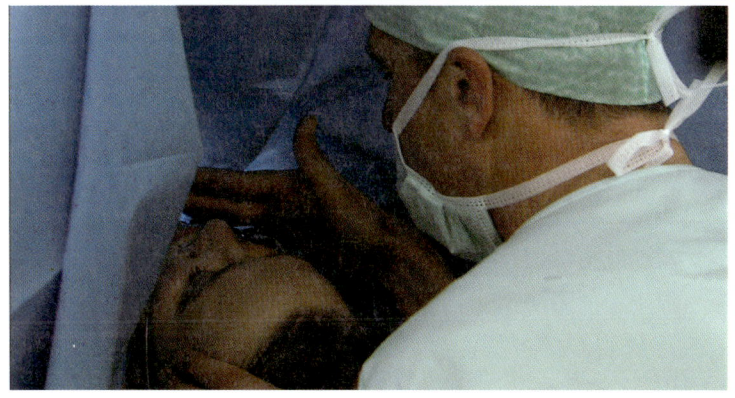

1 실제 최면 수술 중인 수술실 전경.
2 마취과 의사가 환자에게 최면을 걸고 있다.

마 상태가 되기 때문에 아픔 자체를 전혀 느낄 수가 없다. 그 점이 어떤 환자들에게는 좋을 수도 있다. 그렇지만 국소마취를 동반한 최면 마취로 진행된 환자들은 전신마취 환자들보다 평균 13일 빨리 회복하는 모습을 보인다. 또한 수술 후 약 복용량도 더 적었고, 수술 후 통증도 덜한 것으로 나타났다"며 최면 마취를 통한 수술 효과를 설명한다.

Interview #12

최면으로 갑상선 수술을 받다

: 베로니에 비에지아갸 (49세, 벨기에 고슬리)

▶ 편안해 보입니다. 기분이 어떤가요? 통증이 느껴지나요?

▷ 매우 좋습니다. 통증은 없었습니다. 중간에 조금 거북한 기분이 들긴 했지만 아프진 않았습니다. 이미 물을 마셨고, 조금 있으면 밥도 먹을 거고, 괜찮습니다.

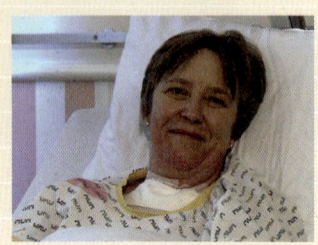

▶ 수술 과정을 느꼈나요?

▷ 최면이 연속적으로 똑같이 지속되는 것은 아니기 때문에 중간에 가끔 느꼈습니다.

▶ 어떠한 최면을 경험했나요?

▷ 눈을 감고 있었고, 마취의 설명대로 따라 가고 있었어요. 그리고 예정했던 것처럼 코르시카 섬으로 저를 데려가겼죠. 그리고 제가 기억을 해낼 수 있도록 계속 암시를 주셨어요. 자연이나 빛, 색깔 같은 것이었어요. 사람들과 함께했던 좋은 기억들에 대한 내용도 있었어요. 마치 우리가 지난 좋은 추억을 상기하듯 그때의 기억을 되살렸습니다. 수술실에 있다는 걸 분명히 의식했는데, 정신은 다른 곳에 팔려 있었던 거죠. 그러다 좀 다른 움직임이 생기거나 하면 수술 쪽으로 주의를 기울이기도 했습니다. 마취의가 계속 머리에서 손을 떼지 않아 안심이 되었습니다.

▶ 수술 시간이 얼마나 흘렀다고 생각하나요?

▷ 시간 개념이 상당히 상대적인 거 같아요. 현실에서의 시간보다 빨리 지나간 것처럼 느껴지거든요. 한 30분 정도 지난 것 같았어요. 그런데 실제로는 1시간 30분은 수술실에 있었으니까요.

Interview #13

갑상선 수술을 전신마취 없이 담당한 의사

: 미셸 모리쥬 (벨기에 리에쥬병원 외과의사)

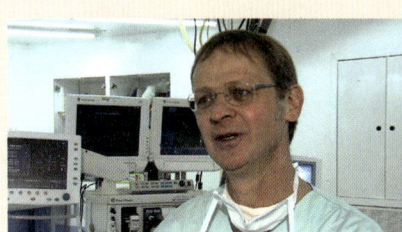 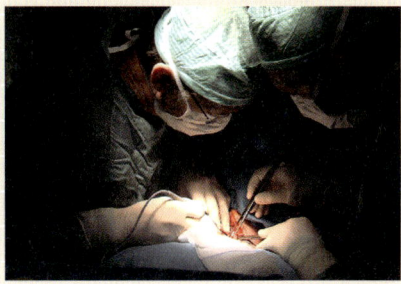

▶ 갑상선 제거 수술은 어려운 수술인가요?

▷ 갑상선 수술을 체계화한 스위스의 코셰르 박사가 노벨상을 받았습니다. 그 의미는 이 수술이 쉽지 않은 작업이라는 것을 의미합니다. 일단 갑상선은 뇌보다 더 무게 단위의 영향을 받는 조직일 뿐 아니라, 해부학적으로 매우 특별한 위치에 자리 잡고 있습니다. 경동맥, 경정맥, 소리신경 등 아주 중요한 요소들과 매우 근접해 있습니다. 그래서 갑상선 수술을 할 때는 제거하는 것이 어려운 것이 아니고 남겨두어야 하는 것을 제자리에 두는 것이 중요합니다. 따라서 이 수술은 기술적으로 매우 까다로운 시술이고 극도로 주의를 기울여야 합니다.

▶ 지금과 같이 전신마취 없이 갑상선을 제거하는 수술은 보편적인가요?

▷ 최면 마취 상태의 갑상선 수술은 일단 이곳에서는 매우 흔하게 볼 수 있습니다. 이곳 리에쥬에서만 천 건이 넘는 시술이 있었으니까요. 의사들의 경험은 매우 풍부합니다. 거의 모든 갑상선 관련 시술을 최면 마취로 할 수 있는데요, 문제는 마취 전문의들입니다. 최면 마취 교육을 받은 마취사들이 있어야 한다는 것입니다. 그 조건만 갖춰진다면 거의 모든 갑상선 관련 수술이 최면 마취로 가능합니다.

Interview #14

최면 마취를 이용한 고통 없는 수술을 꿈꾼다

: 조르 주리스 (벨기에 리에쥬병원 최면 마취 의사)

▶ **최면 마취는 어떻게 진행되나요?**

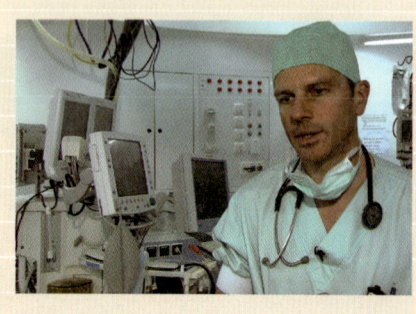

▷ 환자에게 최면 수술에 대해 설명할 때 우리는 '책의 내용에 푹 파묻힌 것과 같다'라고 말합니다. 이는 책에 너무 집중을 해서 주변 상황을 인식하지 못하는 것이나 마찬가지입니다. 마치 꿈을 꾸고 있는 듯한 느낌인데요, 최면이 고통을 관장하는 뇌신경을 작동시키기 때문입니다.

아픔이 있을 경우에 이 고통의 정도를 줄이기 위해 작동하는 기관이 있는데, 최면은 이러한 기관을 작동시킬 수 있습니다. 따라서 최면의 무통각증 Congenita insensitivity to pain은 수술 후에도 지속될 수 있는 것입니다.

최면 상태가 되면 뇌에서 신경조직이 발동합니다. 그래서 통증 관련 정보가 뇌에 전달되지 않는 거지요. 최면 상태에서 환자는 고통을 느끼게 되는 통점이 올라가게 되어 아픔을 덜 느끼게 됩니다. 주의가 분산되어 다른 것을 골똘히 생각할 때나 최면 상태일 때는 뇌신경조직이 다른 방식으로 움직이게 되고, 최면 상태가 되면 실제로 무통각증을 관할하는 신경조직이 작동하게 됩니다. 통증을 없애기 위해서죠.

최면 상태인 사람이 즐거운 휴가를 떠올릴 때 뇌의 활동을 살펴보았더니 마치 실제로 무엇인가 보고 있는 것처럼 시각구역이 활성화되어 있었고, 무엇인가 만지는 것처럼 감각구역이 활성화되어 있었으며, 실제로 움직이는 것처럼 운동지각이 작용한 실험 결과가 있습니다.

▶▶▶ 악몽의 포로가 되지 않은 사람들

세상일은 좋은 일이든 나쁜 일이든 모두 지나가기 마련이다. 그런데 나쁜 일을 겪고 나서 예전과 달라지는 사람들이 있다. 그것도 아주 강하고 긍정적으로 말이다.

KBS의 대표적인 드라마 〈야망의 전설〉 〈사랑하세요〉 등을 연출했던 김영진 프로듀서(51세). 그는 2000년 불의의 교통사고를 당했다. 가족을 만나러 미국 시카고에 갔다가 차량이 전복된 것이다. 당시 차 안에는 가족 6명이 함께 타고 있었지만 병원 신세를 진 것은 본인 혼자뿐이었다. 넉 달 동안 식물인간 상태로 지냈던 그는 그해 12월 기적적으로 깨어났으나 온몸이 거동이 안 될 정도로 마비증세가 나타났다. 가족을 위해, 자신의 미래를 위해 일어나야 한다는 강한 의지로 재활에 전념했고, 드디어 그는 2002년 9월 다시 복직했다. 복직 후에도 지팡이로 짚고 걷기까지 6년이란 시간이 걸렸다. 지난 2010년 겨울, 그는 10년 만에 연출가로 다시 드라마 현장으로 돌아왔다. 그러나 지금도 시시때때로 찾아오는 통증 때문에 촬영 중에도 진통제 한 움큼으로 겨우 통증을 달래며 일한다.

뇌사 상태에 빠졌던 그는 사고 후 일 년 동안 아무도 알아보지 못했다. 문득 생각나는 것은 넓은 병원, 야외마당에 혼자 남겨졌던 기억들뿐이다. 기억에 남은 것도 별로 없었다. 그는 인터뷰에서 사고 당시 기억들은 자신에게 안 좋은 것들이기에 일부러 떠올리려고 노력하지 않았다고 말했다. 또한 그 기억들이 좋지 않다고 생각하기 때문에 대부분의 기억을 잊으려고 노력했다고 한다.

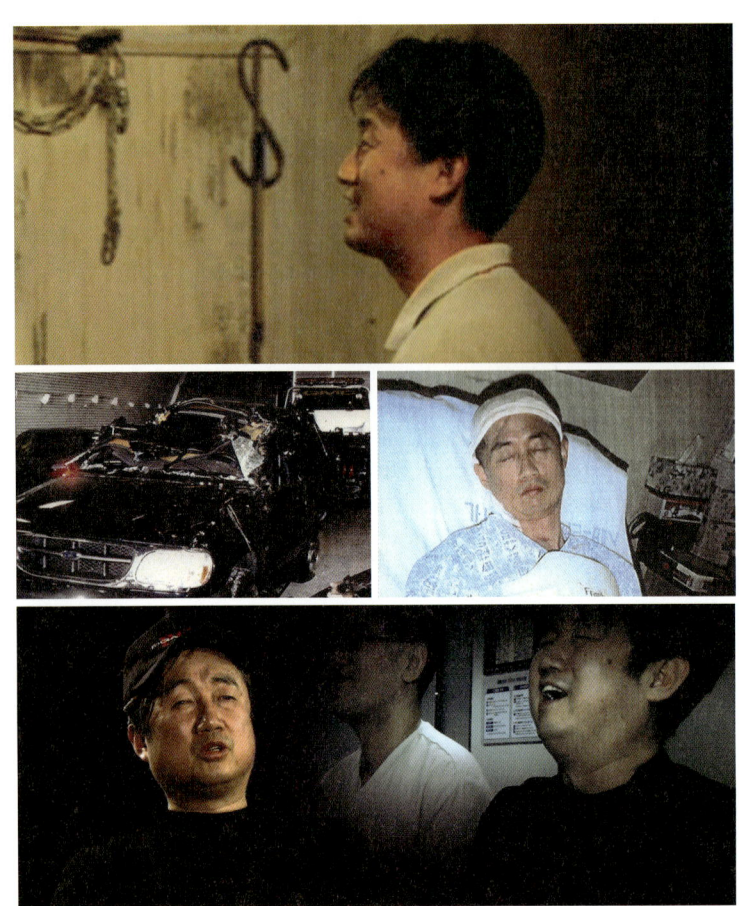

큰 사고로 인해 인생이 변했지만, 지나온 과거보다 앞으로 만들어 갈 미래가 더 중요하다고 말하는 김영진PD.

사실 그는 사고 이후 지금까지도 몸이 아파서 쉽게 잠들지 못한다. 그런데 사고 후유증인지 남이 운전하는 차를 타면 예외 없이 잠이 들어버린다. 사고 전에는 이러한 버릇이 없었는데, 요즘은 아무리 짧은 거리를 가도 잠이 든다고 한다. 혹시 뇌에서 교통사고의 아픈

Interview #15

김영진 KBS 프로듀서의 뇌 손상

: 지제근 명예교수(서울대학교 의대 병리학과)

미만성 축삭손상Diffuse axonal injury은 머리 외상에서 나타나는 현상으로 아직도 확실한 메커니즘은 잘 모릅니다. 다만 뇌의 백질white matter에 여러 군데 작은 출혈이 나타나고, 축삭Axon의 긴 돌기가 외부의 힘에 의해 끊어졌다고 볼 수 있습니다.

자동차에서 머리 받침 없이 갑자기 가속 혹은 감속하면 척수가 늘어나면서 손상되는 것 같이 머리가 부딪치면 뇌에 여러 방향의 힘이 작용하여 여러 군데에서 축삭의 스트레칭이 일어나 결국 파열되는 원리입니다.

모세혈관도 손상 받아 출혈도 동반합니다. 축삭의 파괴는 당연히 영구적인 것이고 재생이 어렵습니다. 뇌가 두부라고 가정할 때 통 속에 두부를 채우고 강하게 흔들면 통 속에 있는 두부가 여러 갈래로 부서지는 것과 같은 상황이 되는 것입니다.

기억을 떠올리지 않게 하기 위해 잠드는 버릇을 만들어낸 것은 아닐까?

한 가지 놀라운 점은 얼마 전부터 다시 운전을 하기 시작했다는 것이다. 다시 떠올리고 싶지도 않을 만큼 끔찍한 교통사고를 당했는데도 말이다. 도대체 그를 두려움에 맞서게 한 힘은 어디서 오는 걸까?

2000년 자동차 사고 이후 현재까지 그는 여전히 혼자 휠체어에 오르는 것이 너무나 힘들다. 그럼에도 그는 휠체어에서 일어나서 해야 하는 힘든 훈련 중에도 웃음과 재치를 잃지 않는다. 의사와 진지한 대화를 하는 순간에도 그는 여전히 밝다. 그는 사고를 이겨내는

데 평소 긍정적으로 사고하는 습관이 많은 도움을 주었다고 말한다.

그는 "만약 내가 누군가를 기억하지 못하면 상대방이 다가와 자신을 밝히고 나의 기억을 환기시켜 주기를 바랍니다. 과거의 기억을 잃었다고 우울해 하거나 주눅들 필요는 없습니다"라고 말하며 지나온 과거보다 앞으로 만들 미래에 대해 희망을 품는다.

전국체전에서 스카이다이빙을 하다가 죽음의 문턱에서 파노라마 기억을 떠올렸던 최정호 씨를 기억하는가? 사고가 난 지 열 달 후인 2010년 8월, 그는 다시 미국 하늘을 날았다. 누군가는 그의 행동을 '무모한 짓'이라고 말렸지만, 낙하산을 메고 항공기에 타는 순간 그는 진정한 자유와 기쁨을 느꼈다고 했다. 그는 "스카이다이빙을 다시 할 수 있다는 사실이 사고를 염려하는 것보다 더 중요하고, 하늘을 날 때 살아 있는 것을 느낀다"고 말한다.

이와 비슷한 느낌을 가진 사람이 또 있다. 바로 히말라야 16좌를 등반한 엄홍길 대장이다.

16좌를 등반하는 동안 그에게도 생사를 넘나드는 순간이 적지 않았다. 눈사태를 피해 위태롭게 산에 매달리는 등 설산 위에서 매일 죽음의 공포와 싸웠다. 그러나 그는 요즘도 일 년에 세 번씩 히말라야에 오른다. 아이들에게 줄 선물까지 가지고 말이다.

그는 2009년 팡보체에 처음으로 학교를 세웠다. 1986년 에베레스트에 두 번째 도전했을 때 그곳에 셸파 한 명을 묻고 내려오면서

미국에서 스카이다이빙을 하는 최정호 씨

그는 셀파 아이들을 공부시키겠다고 다짐했다. 그 아프지만 따뜻한 기억이 아름다운 학교를 세웠다. 그곳에서 그는 히말라야 아이들과 함께 행복한 기억을 만들고 있다.

히말라야를 등반하며 기억에 새겨진 고통은 다 잊은 것일까? 그는 그저 자신을 받아준 히말라야에 감사할 뿐이라고 말한다. 엄홍길 대장은 히말라야 16좌 등반 도전에 그의 모든 청춘을 바쳤다. 삶과 죽음 그 사이의 경계에서 얼마나 힘든 시간을 보냈을까?

그는 인간이 살아가면서 겪을 수 있는 모든 최악의 상황들을 히말라야에서 다 경험했고, 이런 건망증도 결국 히말라야가 자신에게 준 소중한 선물이라고 생각하고 감사하게 생활한다고 말했다. 엄홍길, 그는 진정 강인하고 긍정적인 마인드를 소유한 사람이었다.

산사태와 발목 부상 등 산에서 수많은 시련을 겪었지만 산에 있을 때 가장 행복하다는 엄홍길 대장.

▶▶▶ 내 안의 작은 거인, 외상 후 성장

이처럼 큰 사고를 겪고 난 후에도 악몽의 포로가 되지 않은 사람들은 보통의 우리와 어떤 점이 다른 것일까?

제작진은 가톨릭대학교 의과대학 채정호 교수팀과 함께 위의 세 사람(엄홍길, 최정호, 김영진)의 뇌를 과학적으로 분석해 보기로 했다. 먼저 심리검사에서 중요한 공통점이 발견됐다. 견디는 힘, 낙관성, 영성 등 긍정적인 성향이 정상인에 비해 높았다. 특히 엄홍길 대장의 견디는 힘, 즉 아픈 만큼 성숙하게 만드는 마음의 능력은 보통 사람들에 비해 매우 강했다.

채정호 교수는 "이들은 그 전까지는 미처 알지 못했던 자신의 존재감이라든지, 삶의 목적, 삶의 가치, 주변 사람에 대한 고마움 등을 깨닫게 되면서 영성도 깊어지고, 전반적으로 이전과 다른 새 사람이 되었다고 볼 수 있다. 그래서 외상을 겪지 않았으면 일어나지 않았을 만한 심리적인 성장이 일어나는데, 이것을 '외상 후 성장'이라고 한다"라며 이 현상을 설명한다.

실제로 꽤 많은 사람들이 끔찍한 사고를 겪은 후 외상 후 성장을 경험한다. 그렇다면 외상 후 장애를 겪는 환자의 뇌와는 어떻게 다를까?

외상 후 장애 환자들의 뇌는 편도체가 있는 변연계가 많이 활성화되는데, 이 세 사람은 변연계보다는 전두엽 부분이 많이 활성화되었다. 이들은 합리적인 판단을 하는 전두엽에서 부정적인 감정을 누르고, 긍정적인 뇌 회로를 선택해 긍정 에너지를 발달시키는 힘이 강한

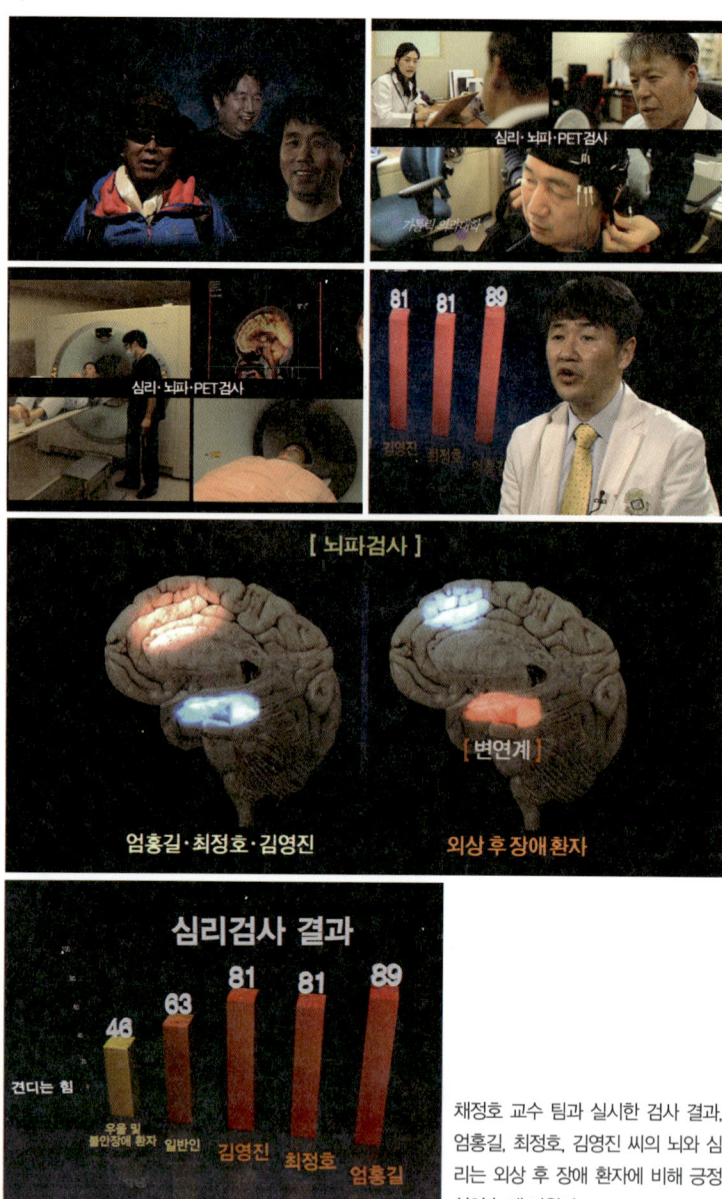

채정호 교수 팀과 실시한 검사 결과, 엄홍길, 최정호, 김영진 씨의 뇌와 심리는 외상 후 장애 환자에 비해 긍정성이 높게 나왔다.

Part 3 두 번째 선물, 망각

것이다.

　채정호 교수는 우리의 뇌는 부정적인 생각을 하면 부정적인 뇌 회로가 굳어지고, 긍정적인 생각을 하면 긍정적인 뇌 회로가 굳어진다고 설명한다. 그렇기 때문에 부정적인 뇌 회로가 형성되려고 할 때면 긍정적인 뇌 회로로 노선을 바꿔줘야 한다고 말한다.

06 나쁜 기억, 좋게 바꿀 수 있다

▶▶▶ **인생, 남길 것과 지울 것을 선택하라**

　부부가 함께 100세를 넘기는 것은 확률적으로 육백만 쌍 중에 한 쌍이라고 한다. 우리는 다시 함양에 사는 노부부를 찾아갔다. 할아버지는 제작진을 선명히 기억했다. 그는 노트를 꺼내 보였다. 이곳에 '퍼스널 히스토리', 즉 할아버지 자신의 개인 역사가 다 들어 있다고 말한다. 어디 놀러가서 누구하고 함께 술을 먹었다는 것까지 상세히 적어놓았다.

　백 살 할머니는 할아버지께 따뜻한 밥을 지어 드리고, 할아버지는 할머니의 다정한 말벗이 되어준다. 노부부는 100세가 넘도록 같이 살았는데도 결혼한 것이 바로 어제같이 느껴지고, 꿈을 꾼 것 같다고 말한다. 노부부는 함께 사는 동안 인생이 그리 불행하다는 생각은 하지 않았고, 항상 행복하다는 생각으로 삶에 감사하며 살았다고 말한다. 이 노부부의 긍정적인 삶의 태도가 그들의 기억을 풍성하게 만들

> **tip**
>
> ### 노인의 뇌는 부정적인 기억을 망각하는 능력이 있다
> **- 라우라 카스텐슨 교수 (미국 스탠포드대학교)**
> 〈Replicating the Positivity Effect in Picture Memory in Koreans: Evidence for Cross-Cultural Generalizability〉 논문 발췌
>
> 서양 노인들을 대상으로 여러 차례 실시된 노인 기억의 특징에 관한 연구를 전 문화적으로 살펴보기 위해 한국에서도 시행하였다. 노인의 나이는 65~81세, 청년의 나이는 19~30세로 각 52명, 총 104명의 피실험자를 모집했다.
> 먼저 피실험자를 대상으로 컴퓨터 스크린을 통해 무작위로 78장의 사진을 보여주었다. 각각의 이미지는 부정적, 중립적, 긍정적인 성격을 지닌다. 이후 먼저 보았던 사진 중에 어떤 것들이 기억나는지 알아보았다. 다음은 앞서 보여주었던 78장의 사진과 새로운 78장의 사진을 무작위로 보여주었다. 이때 지금 보고 있는 사진이 이전에 나왔던 것인지에 대한 질문을 한다. 마지막으로 모든 사진들을 합쳐 다시 보여준다. 이때 피실험자들은 1부터 7까지 점수를 매기는데 가장 부정적인 것은 1, 중립적인 것은 4, 긍정적인 것은 7점으로 표시했다.
>
>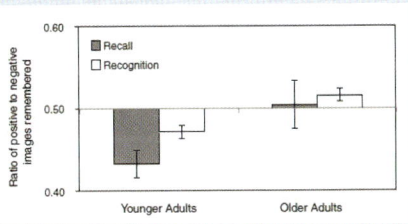
>
> 위 그림에서 0.50 이상은 긍정적인 이미지를 더 기억하는 것이고, 이하는 부정적인 이미지를 더 기억하는 것이다. 표에서 나타난 것처럼 나이가 어릴수록 부정적인 것을 더 기억하는 경향이 있다. 이는 일반적으로 작용하는 뇌의 성향으로 공포스러운 것을 포함한 부정적인 것은 단기 기억에 더 많이 남기 때문으로 해석할 수 있다.
> 반면 나이가 들수록 긍정적인 것을 더 기억하는 경향은 경험을 통해 쌓이는 지혜라고 말할 수 있는데, 고통받지 않고 더 잘 살기 위한 새로운 뇌 회로가 발달되기 때문이다.

었고, 아직도 둘만의 소중한 추억을 되새기며 살아가고 있었다.

노화에 대한 부정적인 선입견과는 달리 나이를 먹을수록 더욱 향상되는 두뇌 기능들도 존재한다. 그중 대표적인 것이 바로 감정 기능이다. 나이가 들면서 부정적인 감정은 줄어들고 현실의 작은 일에도 행복함을 느끼는 긍정적인 감정이 점점 높아진다. 바로 감정을 조절하는 전전두엽의 기능 변화에 따른 것이다.

젊을 때와 달리 노년의 뇌는 행복한 감정에 대해서는 내측 전전두엽의 활동이 줄어드는 반면, 공포와 같은 부정적인 감정에 대해서는 내측 전전두엽의 활동이 활발해진다. 즉 부정적인 감정은 잘 억제할 수 있게 되고, 현실의 작은 일에도 행복을 느낄 수 있는 감정은 높아진다는 것이다.

우리는 백 년이라는 시간을 지나온 노부부에게 마지막 질문을 조심스럽게 해보았다.

"백 년을 사시는 동안 어르신께 가장 기억에 남는 일은 무엇인가요?"

"당연히 이 사람을 만난 거지."

우리는 그 일이 왜 가장 기억에 남는지 다시 물었다. 그러자 할아버지는 문득 그 사실을 떠올리면 지금도 너무 좋아서 눈물이 난다며 할머니의 손을 꼭 잡았다. 슬퍼서 우는 것이 아니라 너무 좋아서 눈물이 난다는 것이다.

진정한 사랑이란 이렇게 백 년이 흘러도 변하지 않는 것이 아닐까? 어찌 이 노부부에게 좋은 기억만 있겠는가. 그렇다면 이처럼 끈

좋은 기억만을 간직하며 살아가는 노부부의 뒷모습은 깊은 감동을 준다.

끈한 사랑의 힘은 어디에서 오는 것일까? 그건 바로 좋았던 기억만 간직하고, 나빴던 기억들은 모두 지워버린 노부부의 지혜가 아닐까?

지우고 남는 기억, 그것이 바로 우리의 인생이다. 망각은 그 선택을 위해 신이 준 선물이다.

그렇다면 당신은 행복한 기억과 불행한 기억, 어느 쪽을 지우고 싶은가?

▶▶▶ **희망을 선택하라**

　팔다리 모두가 없는 상태로 태어난 호주 청년 닉 부이치치(Nick Vujicic, 1982년생). 그는 자신의 신체를 비관해 세 번이나 자살을 시도했다. 그러나 지금은 설교사, 동기부여 연설가로, 신체부자유자들을 위한 비영리단체인 '사지없는 인생 Life Without Limbs'의 대표로 전 세계에 희망을 전파하며 누구보다도 행복한 삶을 살고 있다. 그는 19세 때 첫 연설을 한 이후로 30여 개가 넘는 나라를 다니며 신체부자유자뿐만 아니라 학생과 교사, 청년, 사업가, 여성 등 3백만 명이 넘는 사람들에게 희망의 메시지를 전파하고 있다.

　그에겐 남을 안을 수 있는 팔이 없지만 먼저 사람들을 안아주었으며 그의 연설을 들은 이들은 감동으로 다시 그를 안는다. 그의 연설은 절망과 좌절감에 빠졌던 수많은 사람들에게 새로운 희망을 불러일으켰다. 사지가 없이 태어난 19개월 된 자신의 아이를 안은 채 하느님께 기도를 하던 한 어머니는 닉 부이치치를 본 순간, '당신이 희망입니다'라며 뜨거운 눈물을 흘렸다.

　한때 자살을 결심했던 닉 부이치치는 죽음을 앞두고 부모님과의 행복한 추억이 떠올랐다. '내가 이대로 죽게 된다면 사랑하는 사람들에게 평생 심장을 도려내는 나쁜 기억을 남기게 될 것'이라는 생각이 순간 번쩍 들면서 그는 자살기도를 멈췄다.

　그에게 기억이란 과연 무엇일까? 또 기억을 지운다는 것은 그의 삶에 있어서 어떤 의미일까?

　"가끔은 어떤 기억을 떠올리고, 어떤 기억을 반드시 간직해야 할

좋은 기억, 행복한 기억으로 신체의 장애뿐 아니라 인생 자체를 희망으로 바꾼 닉 부이치치.

지 선택해야 합니다. 어떤 기억은 바꿀 수 없어요. 바꿀 수 없고, 절대 변하지 않을 것이라는 것도 알지요. 자신이 바꿀 수 없는 것을 생각하지 말고, 자신이 바꿀 수 있는 것에 집중하세요. 아픈 기억이 있고, 평생 남는 기억도 있겠지만 나쁜 기억 때문에 장애가 되지 말고 좋은 기억에 집중하며, 나빴던 시간에서 교훈을 얻어 앞으로 나가세요."

> 기억력 회복을 위한 다이어리
> # 봄날은 온다

KBS 〈기억〉 제작팀과 대한치매학회가 공동 기획, 제작한 '기억력 회복을 위한 다이어리―봄날은 온다'는 8주간의 기억력 회복 프로젝트 매뉴얼입니다. 기억력을 저하시킬 수 있는 원인을 분석하고 그 자료를 기반으로 기억력 회복을 위한 훈련 프로그램을 개발하였고 8주간 실행해볼 수 있는 실체적인 매뉴얼을 제작하였습니다. 이 프로젝트를 통해 기억력이 회복될 수 있도록 꾸준히 노력한다면, 8주 후 달라진 모습을 발견할 수 있을 것입니다. 매일의 미션을 8주, 56일 동안 꾸준히 실천하며 기억력 향상에 대한 관심과 노력을 끊임없이 이어가기 바랍니다.

미션1. 식생활 습관 바꾸기

● 술, 담배 끊기
알코올은 기억 세포를 파괴하고 뇌혈관을 손상시켜 뇌가 기억을 저장할 때 사용하는 에너지 공급을 방해합니다. 니코틴 또한 신경 세포를 마비시켜 기억력 감퇴에 치명적입니다. 기억력 최대의 적, 술과 담배를 끊어보세요.

● 6시간 이상 자기
아무리 많은 양을 공부해도 충분히 잠을 자지 않으면 공부한 내용이 뇌에 기억으로 저장되지 않습니다. 적절한 수면은 기억이 뇌세포에 저장되는 필수 조건입니다.

● 뇌 건강 식품 먹기
등푸른 생선은 뇌세포와 뇌혈관을 건강하게 유지시키는 오메가3를 다량 함유하고 있으며, 카레의 커큐민 성분은 뇌에 축적되는 독성 단백질을 분해해 기억 저장을 돕고 뇌세포를 보호해 치매 예방에 효과적입니다. 또한 불필요하게 생기는 유리산소기는 뇌세포를 죽이고 각종 퇴행성 질환을 일으키는데요 색깔 있는 과일과 채소는 이를 제거하거나 기능을 못하게 하는 항산화물질이 많이 들어 있어 기억을 회복시키는데 중요한 역할을 합니다. 녹차에는 기억력 손상을 일으키는 효소의 활동을 막아주는 카테킨 성분이 들어 있어 하루 3잔 이상 마시면 기억력 손상이나 알츠하이머병의 진행을 늦출 수 있습니다.

미션2. 운동하기

● **달팽이 스트레칭**

아침에 일어나 누운 자세에서 양 다리를 가슴에 붙입니다. 그리고 양 손을 어깨 위로, 옆으로 벌리면서 스트레칭합니다. 이 자세로 전화번호를 외웁니다.

● **30분 이상 걷기**

걷기 운동을 하면 심장 기능이 강화되고 운동 중추가 자극되어 뇌로 흐르는 혈류가 2배로 증가합니다. 때문에 뇌로 공급되는 산소 및 영양분이 풍부해지고 기억세포의 기능도 좋아집니다. 하루 30분 이상 꾸준히 걸어보세요.

미션3. 두뇌 훈련

● **전화번호 하루 3개 외우기**

하룻동안 외울 전화번호 3개를 정해 순방향, 역방향으로 외웁니다.

● **세계 국기 카드 외우기**

세계 국기 카드로 나라와 수도를 외웁니다.

● **두뇌 훈련 프로그램**

각 지정 병원에서 운영하는 두뇌 훈련 프로그램에 최선을 다합니다. 컴퓨터 인지 - 건국대학교병원(모바일 기기를 이용한 두뇌 자극 프로그램), 왼손 사용 브레인터치 - 일산 해븐리병원(양손 마우스를 사용해 우뇌 활성화를 유도하는 컴퓨터 프로그램), 댄스 스포츠 - 한양대학교병원(활발한 신체 움직임과 함께 스텝을 암기하는 댄스 스포츠), 밸런스 훈련 - 이화여자대학교 목동병원(몸의 균형을 잡아주는 밸런스 훈련 프로그램), 브레인헬스 인지 학습지 - 부산 윌리스병원, 전남대학교병원(기억 등 다양한 인지영역을 활성화시켜주는 학습 문제 프로그램)

미션4. 자기성찰

● **일기 쓰기**

저녁 식사 전 또는 정신이 맑은 시간에 아침부터 지금까지 있었던 일을 순서대로 써봅니다. 가장 즐거웠던 일 등 주제를 정해서 써도 좋습니다.

● **미션 수행 점수 매기기**

오늘의 미션, 얼마나 지키셨나요? 일기장에 점수를 매겨보세요.

하루 미션 체크리스트

월   일   요일   날씨(   )   기상시간(:   )

● 오늘 외운 내용을 적어보세요.

전화번호   1.   2.
           3.

노래 가사

세계 국기와 수도

● 오늘의 미션 수행, 점수로 확인해 보세요!

두뇌활동
세계 국기 카드	/5
전화번호 외우기(순방향)	/5
전화번호 외우기(역방향)	/5
합	/15

신체활동
노래 1곡 외우기	/5
30분 걷기	/10
달팽이 스트레칭	/5
합	/20

식생활 습관
술끊기	/5	담배 끊기	/5
등푸른생선	/5	녹차 3잔	/5
카레	/5	색깔 과일, 채소	/10
합			/35 점

수면시간
2시간 미만 (2)   2–4시간 (4)
4–6시간   (6)   6–8시간 (8)
8시간 이상 (10)

수면시간 점수   /10 점

두뇌훈련 병원에 방문하셨거나, 집에서 연습하셨나요?

컴퓨터 인지   밸런스훈련
왼손사용 브레인터치   인지 학습지
댄스스포츠   **합**   /10 점

일기쓰기 성의껏 일기를 쓰셨나요?   /10 점

총   **점**

01*

오늘의 일기

● 오늘 아침식사 반찬

● 오늘 가장 즐거웠던 일 3가지

하루 미션 체크리스트

　　　　월　　　일　　　요일　　　날씨(　　　)　　　기상시간(　　:　　)

● 오늘 외운 내용을 적어보세요.

전화번호　1.　　　　　　　　　2.
　　　　　3.

노래 가사

세계 국기와 수도

● 오늘의 미션 수행, 점수로 확인해 보세요!

두뇌활동
세계 국기 카드	/5
전화번호 외우기(순방향)	/5
전화번호 외우기(역방향)	/5
합	/15

신체활동
노래 1곡 외우기	/5
30분 걷기	/10
달팽이 스트레칭	/5
합	/20

식생활 습관
항목	점수	항목	점수
술끊기	/5	담배 끊기	/5
등푸른생선	/5	녹차 3잔	/5
카레	/5	색깔 과일, 채소	/10
합			/35 점

수면시간
2시간 미만　(2)　2–4시간　(4)
4–6시간　　(6)　6–8시간　(8)
8시간 이상　(10)

수면시간 점수　　　　　　　　/10 점

두뇌훈련 병원에 방문하셨거나, 집에서 연습하셨나요?

컴퓨터 인지　　　　　　밸런스훈련
왼손사용 브레인터치　　인지 학습지
댄스스포츠　　　　　　**합**　　/10 점

일기쓰기 성의껏 일기를 쓰셨나요?　　/10 점

총　　　　　　　　　　　　　　　**점**

오늘의 일기

● 오늘 아침식사 반찬

● 오늘 가장 즐거웠던 일 3가지

하루 미션 체크리스트

월　　　일　　　요일　　　날씨(　　　)　　　기상시간(　：　)

● **오늘 외운 내용을 적어보세요.**

전화번호　1.　　　　　　　2.
　　　　　3.

노래 가사

세계 국기와 수도

● **오늘의 미션 수행, 점수로 확인해 보세요!**

두뇌활동
세계 국기 카드	/5
전화번호 외우기(순방향)	/5
전화번호 외우기(역방향)	/5
합	/15

신체활동
노래 1곡 외우기	/5
30분 걷기	/10
달팽이 스트레칭	/5
합	/20

식생활 습관
술끊기	/5	담배 끊기	/5
등푸른생선	/5	녹차 3잔	/5
카레	/5	색깔 과일, 채소	/10
합			/35 점

수면시간
2시간 미만　(2)　　2–4시간　(4)
4–6시간　(6)　　6–8시간　(8)
8시간 이상　(10)
수면시간 점수　　　　　　/10 점

두뇌훈련 병원에 방문하셨거나, 집에서 연습하셨나요?

컴퓨터 인지　　　　　　　밸런스훈련
왼손사용 브레인터치　　　인지 학습지
댄스스포츠　　　　　　　**합**　　　　　/10 점

일기쓰기 성의껏 일기를 쓰셨나요?　　　　/10 점

총　　　　　　　　　　　　　　　**점**

오늘의 일기

- 오늘 아침식사 반찬

- 오늘 가장 즐거웠던 일 3가지

하루 미션 체크리스트

월   일   요일   날씨(   )   기상시간(:   )

● 오늘 외운 내용을 적어보세요.

전화번호   1.   2.
            3.

노래 가사

세계 국기와 수도

● 오늘의 미션 수행, 점수로 확인해 보세요!

두뇌활동
세계 국기 카드	/5
전화번호 외우기(순방향)	/5
전화번호 외우기(역방향)	/5
합	/15

신체활동
노래 1곡 외우기	/5
30분 걷기	/10
달팽이 스트레칭	/5
합	/20

식생활 습관
술끊기	/5	담배 끊기	/5
등푸른생선	/5	녹차 3잔	/5
카레	/5	색깔 과일, 채소	/10
합			/35 점

수면시간
2시간 미만 (2)   2~4시간 (4)
4~6시간 (6)   6~8시간 (8)
8시간 이상 (10)

수면시간 점수	/10 점

두뇌훈련 병원에 방문하셨거나, 집에서 연습하셨나요?
컴퓨터 인지   밸런스훈련
왼손사용 브레인터치   인지 학습지
댄스스포츠   **합**   /10 점

일기쓰기 성의껏 일기를 쓰셨나요?   /10 점

총	**점**

오늘의 일기

- 오늘 아침식사 반찬

- 오늘 가장 즐거웠던 일 3가지

하루 미션 체크리스트

월   일   요일   날씨(   )   기상시간(:   )

● **오늘 외운 내용을 적어보세요.**

전화번호   1.   2.
            3.

노래 가사

세계 국기와 수도

● **오늘의 미션 수행, 점수로 확인해 보세요!**

두뇌활동

세계 국기 카드	/5
전화번호 외우기(순방향)	/5
전화번호 외우기(역방향)	/5
합	**/15**

신체활동

노래 1곡 외우기	/5
30분 걷기	/10
달팽이 스트레칭	/5
합	**/20**

식생활 습관

술끊기	/5	담배 끊기	/5
등푸른생선	/5	녹차 3잔	/5
카레	/5	색깔 과일, 채소	/10
합			**/35 점**

수면시간

2시간 미만 (2)   2–4시간 (4)
4–6시간 (6)   6–8시간 (8)
8시간 이상 (10)

수면시간 점수   /10 점

두뇌훈련 병원에 방문하셨거나, 집에서 연습하셨나요?

컴퓨터 인지   밸런스훈련
왼손사용 브레인터치   인지 학습지
댄스스포츠   **합**   /10 점

일기쓰기 성의껏 일기를 쓰셨나요?
                                                                /10 점

총   **점**

05

오늘의 일기

● 오늘 아침식사 반찬

● 오늘 가장 즐거웠던 일 3가지

하루 미션 체크리스트

월   일   요일   날씨(   )   기상시간(:   )

● **오늘 외운 내용을 적어보세요.**

전화번호   1.   2.
            3.

노래 가사

세계 국기와 수도

● **오늘의 미션 수행, 점수로 확인해 보세요!**

두뇌활동
세계 국기 카드	/5
전화번호 외우기(순방향)	/5
전화번호 외우기(역방향)	/5
합	/15

신체활동
노래 1곡 외우기	/5
30분 걷기	/10
달팽이 스트레칭	/5
합	/20

식생활 습관
술끊기	/5	담배 끊기	/5
등푸른생선	/5	녹차 3잔	/5
카레	/5	색깔 과일, 채소	/10
합			/35 점

수면시간
2시간 미만 (2)   2–4시간 (4)
4–6시간 (6)   6–8시간 (8)
8시간 이상 (10)

수면시간 점수   /10 점

두뇌훈련 병원에 방문하셨거나, 집에서 연습하셨나요?
컴퓨터 인지   밸런스훈련
왼손사용 브레인터치   인지 학습지
댄스스포츠   합   /10 점

일기쓰기 성의껏 일기를 쓰셨나요?   /10 점

총   **점**

오늘의 일기

● 오늘 아침식사 반찬

● 오늘 가장 즐거웠던 일 3가지

하루 미션 체크리스트

월   일   요일   날씨(   )   기상시간(:   )

● **오늘 외운 내용을 적어보세요.**

전화번호   1.   2.
            3.

노래 가사

세계 국기와 수도

● **오늘의 미션 수행, 점수로 확인해 보세요!**

두뇌활동
세계 국기 카드	/5
전화번호 외우기(순방향)	/5
전화번호 외우기(역방향)	/5
합	/15

신체활동
노래 1곡 외우기	/5
30분 걷기	/10
달팽이 스트레칭	/5
합	/20

식생활 습관
술끊기	/5	담배 끊기	/5
등푸른생선	/5	녹차 3잔	/5
카레	/5	색깔 과일, 채소	/10
합			/35 점

수면시간
2시간 미만 (2)   2–4시간 (4)
4–6시간 (6)   6–8시간 (8)
8시간 이상 (10)

수면시간 점수   /10 점

두뇌훈련 병원에 방문하셨거나, 집에서 연습하셨나요?

컴퓨터 인지	밸런스훈련
왼손사용 브레인터치	인지 학습지
댄스스포츠	**합** /10 점
일기쓰기 성의껏 일기를 쓰셨나요?	/10 점

총   **점**

오늘의 일기

- 오늘 아침식사 반찬

- 오늘 가장 즐거웠던 일 3가지

*매일의 미션을 8주, 56일 동안 꾸준히 실천하시면 기억력 향상에 도움이 됩니다.

▶▶▶ 참고논문

공포기억 소거
Daniela Schiller, Marie-H. Monfils, Candace M. Raio, David C. Johnson, Joseph E. LeDoux & Elizabeth A. Phelps. (2010).
Preventing the return of fear in humans using reconsolidation update mechanisms.
Nature, 463, 49-53.

Hagar Gelbard-Sagiv, Roy Mukamel, Michal Harel, Rafael Malach, Itzhak Frie. (2008).
Internally Generated Reactivation of Single Neurons in Human Hippocampus During Free Recall.
SCIENCE, 322, 96-101

과거회상과 미래상상시 뇌활성화
Donna Rose Addis, Alana T.Wong, Daniel L. Schacter. (2006).
Remenbering the past and imagining the future:Common and distinct neural substrates during event construction and elaboration.
Neuropsychologia 45 (2007) 1363-1377

기억력 음식 관련
Minhua Zhang, Michal Poplawski, Kelvin Yen, Hui Cheng, Erik Bloss, Xiao Zhu, Harshil Patel, Charles V. Mobbs. (2009).
Role of CBP and SATB-1 in Aging, Dietary Restriction, and Insulin-Like Signaling.
PLoS Biology, 7, e100024-e1000245.

기억력향상 연구
Danielle C. Turner, Trevor W. Robbins, Luke Clark, Adam R. Aron, Jonathan Dowson, Barbara J. Sahakian(2003)

Cognitive enhancing effects of modafinil in healthy volunteers
Psychopharmacology, 165, 260-269

노화에 따른 해마부피 감소
S.G. Mueller, L. Stables, A.T. Du, N. Schuff, D. Truran, N. Cashdollar, M.W. Weiner. (2007).
Measurement of hippocampal subfields and age-related changes with high resolution MRI at 4T.
Neurobiology of Aging, 28, 719-726.

뇌세포 생성
FRED H. GAGE, PENELOPE W. COATES, THEO D. PALMER, H. GEORG KUHN, LISA J. FISHER, JAANA 0. SUHONEN, DANIEL A. PETERSON, STEVE T. SUHR, AND JASODHARA RAY. (1995).
Survival and differentiation of adult neuronal progenitor cells transplanted to the adult brain.
Proc. Natl. Acad. Sci. USA, 92, 11879-11883

Brent A. Reynolds, Samuel weiss. (1992).
Generation of Neurons and Astrocytes from Isolated Cells of the Adult Mammalian Central Nervous System.
Science, New series, 255, 1707-1710.

뇌세포의 수용체 NMDA, AMPA
Terunaga Nakagawa, Yifan Cheng, Elizabeth Ramm, Morgan Sheng & Thomas Walz. (2005).
Structure and different conformational states of native AMPA receptor complexes.
NATURE, 433, 545-549.

H.A. ARCHER, J.M. SCHOTT, J. BARNES, N.C. FOX, J.L. HOLTON, T. REVESZ, L. CIPOLOTTI, and M.N. ROSSOR. (2005).
Knight's move thinking? Mild cognitive impairment in a chess player.
Neurocase, 11, 26-31.

뇌의 노화
Kristine B. Walhovd a,b, Anders M. Fjell a,b, Ivar Reinvang a,c, Arvid

Lundervold d, Anders M. Dale e,f,g, Dag E. Eilertsen a, Brian T. Quinn e, David Salat e, Nikos Makris h, Bruce Fischl. (2005).
Effects of age on volumes of cortex, white matter and subcortical structures.
Neurobiology of Aging, 26, 1261-1270.

Terry L. Jernigana,b,f*, Sarah L. Archibaldb, Christine Fennema-Notestineb, Anthony C. Gamstc, Julie C. Stoutd, Julie Bonnere, John R. Hesselinka. (2001).
Effects of age on tissues and regions of the cerebrum and cerebellum.
Neurobiology of Aging, 22, 581-594.

동물의 기억
Hoshooley, J. S., & Sherry, D. F. (2007).
Greater Hippocampal Neuronal Recruitment in Food-Storing Than in Non-Food-Storing Birds.
Developmental Neurobiology, 67, 406-414.

멀티태스킹 실험
Aman Kumar.
Inattention and Reward Expectancy in Media Multitaskers. (미출간 논문)

Eyal Ophira, Clifford Nassb,1, and Anthony D. Wagnerc. (2009).
Cognitive control in media multitaskers.
PNAS, 106, 15583-15587

Victor M. Gonzalez, and Gloria Mark. (2005).
Multi-tasking Among Multiple Collaborations.
Proceedings of the Ninth European Conference on Computer-Supported Cooperative Work, 18-22, September 2005, Paris, France, 143-162.

Bethesda, Maryland, Decision Making, National Institute on Aging, National Institutes of Health. (2004).
Department of Health and Human Servicesand Aging WORKSHOP SUMMARY, 14-15.

바다 상상실험
Demis Hassabis, Dharshan Kumaran, Seralynne D. Vann, and Eleanor A. Maguire. (2007).

Patients with hippocampal amnesia cannot imagine new experiences.
PNAS, 104, 1726-1731.

배신트라우마 Betrayal trauma
Jennifer J. Freyd,PhD; Anne P. DePrince, PhD; Eileen L. Zurbriggen, PhD. (2001).
Self-Reported Memory for Abuse Depends Upon Victim-Perpetrator Relationship.
Journal of Trauma & Dissociation, Vol.2(3)2001

Eileen L. Zurbriggen. (2005).
Lies in a Time of Threat:Betrayal Blindness and the 2004 U.S. Presidential Election
Analyses of Social Issues and Public Policy, Vol.5, No.1,2005, pp.189-196

Eileen L. Zurbriggen, Robyn L.Gobin and Jennifer J. Freyd (2010).
Childhood Emotional Abuse Predicts Late Adolescent Sexual Aggression Perpetration and Victimization.
Journal of Aggression, Maltreatment &Trauma, 19;204-223,2010

Freyd, J. J., (1994).
Betrayal Trauma:Traumatic Amnesia as an Adaptive Response to Childhood Abuse.
Ethics & Behavior, 4, 307-329.

Freyd, J. J., Deprince, A. P., & Gleaves, D. H. (2007).
The state of betrayal trauma theory:Reply to McNally-Conceptual issues and future directions.
MEMORY, 15, 295-311.

변화맹
Simons, D.j., & Levin, D.T. (1998).
Failure to detect changes to people during a real-world interaction.
Psychonomic Bulletin&Review, 5, 644-649.

부호화
강은주, 김희정, 김성일, 나동규, 이경민, 나덕렬, 이정모. (2002).

그림의 부호화 과정과 신경기제 : fMRI 연구.
한국인지과학회논문지 제13권 제1호.

JB Demb, JE Desmond, AD Wagner, CJ Vaidya, GH Glover, and JD Gabrieli. (1995).
Semantic encoding and retrieval in the left inferior prefrontal cortex: a functional MRI study of task difficulty and process specificity.
The Journal of Neuroscience, 15, 5870-5878.

Maarten Leyssen, Derya Ayaz, Sebastien S Hebert, Simon Reeve, Bart De Strooper & Bassem A Hassan. (2005).
Amyloid precursor protein promotes post-developmental neurite arborization in the Drosophila brain.
The EMBO Journal, 24, 2944-2955.

Ellen Bialystok, Fergus I.M. Craik, Morris Freedman. (2007).
Bilingualism as a protection against the onset of symptoms of dementia.
Neuropsychologia 45, 459-464.

수면

Matthew A. Tucker, Yasutaka Hirota, Erin J. Wamsley, Hiuyan Lau, Annie Chaklader, William Fishbein. (2006).
A daytime nap containing solely non-REM sleep enhances declarative but not procedural memory
Neurobiology of Learning and Memory, 86.2, 241-247

Hans P.A. Van Dongen, Greg Maislin, Janet M. Mullington, David F. Dinges. (2003).
The Cumulative Cost of Additional Wakefulness: Dose-Response Effects on Neurobehavioral Functions and Sleep Physiology From Chronic Sleep Restriction and Total Sleep Deprivation.
SLEEP, 15, 117-26.

Jeffrey M. Ellenbogen. (2008).
The Sleeping Brain's Influence on Memory.
SLEEP, 31, 163-164.

Olaf Lahl, Christiane Wispel, Bernadette Willigens and Reinhard Pietrowsky. (2008).
An ultra short episode of sleep is sufficient to promote declarative memory performance.
2008 European Sleep Research Society, J. Sleep Res., 17, 3-10.

Robert Stickgold. (2005).
Sleep-dependent memory consolidation.
NATURE, 437, 1272-1278.

수면 중 초파리 뇌 연구
Indrani Ganguly-Fitzgerald, Jeff Donlea, Paul J. Shaw. (2006).
Waking Experience Affects Sleep Need in Drosophila.
Science, 313, 1775.

스트레스와 알츠하이머
ROBERT S. WILSON, STEVEN E. ARNOLD, JULIE A. SCHNEIDER, YAN LI, AND DAVID A. BENNETT. (2007).
Chronic Distress, Age-Related Neuropathology, and Late-Life Dementia.
Psychosomatic Medicine, 69, 47-53.

Jason J. Radley, Anne B. Rocher, Alfredo Rodriguez, Douglas B. Ehlenberger, Mark Dammann, Bruce S. McEwen, John H. Morrison, Susan L. Wearne, and Patrick R. Hof. (2009).
REPEATED STRESS ALTERS DENDRITIC SPINE MORPHOLOGY IN THE RAT MEDIAL PREFRONTAL CORTEX
NIH Public Access.
Author Manuscript J Comp Neurol. Author manuscript; available in PMC 2009 December 21.

Nikolaos Scarmeas; Jose A. Luchsinger; Nicole Schup; et al. (2009)
Physical Activity, Diet, and Risk of Alzheimer Disease
JAMA. 2009;302(6):627-637

여성과 술
Joel G Hashimoto1, and Kristine M Wiren. (2008).

Neurotoxic Consequences of Chronic Alcohol Withdrawal: Expression Profiling Reveals Importance of Gender Over Withdrawal Severity.
Neuropsychopharmacology, 33, 1084-1096.

Cheryl L. Grady, Mellanie V. Springer, Donaya Hongwanishkul, Anthony R. McIntosh, and Gordon Winocur. (2006).
Age-related Changes in Brain Activity across the Adult Lifespan.
Journal of Cognitive Neuroscience, 18, Pages 227-241.

인지보유고 이론
Yaakov stern, (2009).
Cognitive reserve.
Neuropsychologia 47 (2009) 2015-2028

Yaakov Stern, PhD; Howard Andrews, PhD; John Pittman, MS; Mary Sano, PhD; Thomas Taemichi, MD; Rafael Lantigua, MD; Richard Mayeux, MD (1992).
Diagnosis of Dementia in a Heterogeneous Population
Development of a Neuropsychological Paradigm-Based Diagonosis of Dementia and Quantified Correction for the Effects of Education.
Arch Neurol-Vol 49, May 1992

정서와 기억
Friderike Heuer and Daniel Reisberg. (1990).
Vivid memories of emotional events: The accuracy of remembered minutiae.
Memory & Cognition, 18, 496-506.

주부건망증
Roberto Cabeza, Nicole D. Anderson, Jill K. Locantore, and Anthony R. McIntosh. (2002).
Aging Gracefully: Compensatory Brain Activity in High-Performing Older Adults.
NeuroImage 17, 1394-1402.

치매에 걸려도 멀쩡한 뇌(야코프 스턴박사)
Yaakov Stern, Gene E. Alexander, Isak Prohovnik, and Richard Mayew.
Inverse Relationshp Between Education and Parietotemporal Perfusion Deficit in Alzheimer's Disease.

Annals of Neurology, 32, 371-5

컴퓨터 인지치료
Sylvie Belleville. (2008).
Cognitive training for persons with mild cognitive impairment.
International Psychogeriatrics, 20, 57-66.

Deborah E. Barnes, Kristine Yaffe, Nataliya Belfor, William J. Jagust, Charles DeCarli, Bruce R. Reed, and Joel H. Kramer. (2009).
Computer-Based Cognitive Training for Mild Cognitive Impairment: Results from a Pilot Randomized, Controlled Trial.
Alzheimer Dis Assoc Disord, 23, 205-210.

H. WESTERBERG, H. JACOBAEUS, T. HIRVIKOSKI, P. CLEVBERGER, STENSSON, A. BARTFAI, & T. KLINGBERG. (2007)
Computerized working memory training after stroke – A pilot study
Brain Injury, 21, 21-29

택시 기사의 해마
VIRPI KALAKOSKI and PERTTI SAARILUOMA. (2001).
Taxi drivers' exceptional memory of street names.
Memory & Cognition, 29, 634-638.

Eleanor A. Maguire, Rory Nannery and Hugo J. Spiers. (2006).
Navigation around London by a taxi driver with bilateral hippocampal lesions.
Brain, 129, 2894-2907.

Eleanor A. Maguire, Katherine Woollett, and Hugo J.Spiers. (2006)
London Taxi Drivers and Bus Drivers: A Structural MRI and Neuropsychological Analysis
Hippocampus 16:1091-1101(2006)

프루스트 현상
Rachel Herz. (2002).
A naturalistic study of autobiographical memories evoked by olfactory and visual cues:testing the Proustian hypothesis.

The American journal of psychology, 115, 21-32.

허위기억

Higham, P.A. (1989).
Believing details known to have been suggested.
British Journal of Psychology, 89, 265-283.

Loftus E.F. (1997).
Creating false memories
Scientific American, 277, 70-75.

Loftus E.F. (2003).
Our changeable memories; Legal and practical implications.
Nature reviews: Neuroscience,4, 231-234

Loftus E.F. (2002).
Memory Faults and Fixes.
Issues in Science & Technology, 18(4),41-50

참고도서

Alan Baddeley. (2009). 당신의 기억. 진우기 역. 위즈덤하우스

Andrew Smith Lewis. (2008). 매커니즘을 알면 간단한 기억의 원칙. 김성기 역. 황금가지

Anne Mair. (2009). 브레인섹스. 곽윤정 역. 북스넛

Bartlett, F. C. (1932). Remembering; a study in experimental and social psychology. Cambridge. UK:Cambridge University Press

Barbara Strauch. (2011). 가장 뛰어난 중년의 뇌. 김미선 역. 해나무

베르나르베르베르. (2005). 뇌. 열린책들

배철영. (1996). 노인의학. 고려의학

Carl Schoonover. (2010). Portraits of the mind. New York:ABRAMS Books

Cathryn Jakobson Ramin. (2010). Carved in sand(당신의 뇌를 믿지 마라). 이영미 역. 흐름출판

Clifford Nass with Corina Yen. (2010). The Man who lived to his Laptop. London England:Penguin Books Ltd

Crook, T.H., and Adderly, B. (1998). The memory cure. New York:Simon and Schuster

Cynthia R. Green, & Editors of PREVENTION. (2009). Brain power Game plan. RODALE

Cynthia R. Green. (1999). Total Memory workout. New York:Bantam books

Daniel L. Schacter. (2006). 기억의 일곱가지 죄악. 박미자 역. 도서출판 한승

Daniel L. Schacter. (2010). The Seven Sins of Memory(How the Mind Forgets and Remenbers). Boston New York:Houghton Mifflin Company(기억의 7가지 죄악 원서)

Davidbuss(데이비드 비스). (2007). (The) evolution of desire : strategies of human mating(욕망의 진화). 사이언스북스

301

다카시마 데쓰지. (2010). 내일이 바뀌는 새로운 습관 잠자기 전 30분. 티즈맵출판사

Deepak Chopra. (2010). 사람은 왜 늙는가. 이균형 역. 한겨레출판

Dominic O'Brien. (2003). 기억천재 도미니크 오브라이언의 기억의 법칙. 박혜선 역. 들녘미디어

Dominique Lestel. (2006). 동물도 지능이 있을까?. 김성희 역. 민음인

Elizabeth Loftus, & Katherine Ketcham. (2008). 우리 기억은 진짜 기억일까? 정준형 역. 도솔출판사

Elizabeth F. Loftus, Katherine Ketcham. (1994).

The Myth of Repressed Memory :

False Memories and Allegations of Sexual Abuse.

U.S: St. Martin's Press

Elizabeth F. Loftus. (1996).

Eyewitness Testimony.

Cambridge, MA: Harvard University Press(revised edition of 1979 book).

Elizabeth F. Loftus, Katherine Ketcham (1991)

Witness for the Defense: The Accused, the Eyewitness and the Expert Who Puts Memory on Trial.

U.S: St. Martin's Press

Eran Katz. (2007). 천재가 된 제롬. 박미영 역. 황금가지

Eric R. Kandel. (2009). 기억을 찾아서. 전대호 역. 랜덤하우스

Eric R. Kandel. (2006). In search of memory. New York:W.W. NORTON & Company

Gary Small. (2008). 기억력을 되살리는 기적의 14일. 이동우 역. 시그마북스

Gary Small. (2010). iBrain(아이브레인). 지와사랑

Gillian Cohen, & Martin A. conway. (2008). Memory in the real world. New York:Psychology press

Harvey P. Newguist. (2007). 위대한 뇌. 김유미 역. 북하우스

John Medina. (2009). 브레인룰스. 서영조 역. 프런티어

조장희. (2010). 7.0 Tesla MRI Brain Atlas. 이퍼블릭

김정훈. (2009). 맛있고 간편한 과학도시락. 은행나무

김태유, 한설희, 김상윤, 한일우, 김홍근, 이은아, 나해리. (2010). 신경인지치료. 서현사

Life Expert. (2009). 최강기억법. 박선영 역. 폴라북스

Life Expert. (2008). 결정적인 순간에 성공하는 기억의 기술. 박광종 역. 기원전출판사

Marcel Proust. (1998). 잃어버린 시간을 찾아서(:스완네 집쪽으로 1). 김창석 역. 국일출판사

Marcel Proust. 'A la recherche du temps perdu. (1992) Gallimard pour la presente edition(잃어버린 시간을 찾아서 원서)

Marie T. Banich. 인지 신경과학과 신경심리학. 김명선, 강은주, 강연욱, 김현택 역. 시그마프레스

Michael Kaplan, & Ellen Kaplan. 뇌의 거짓말. (2010). 이지선 역. 이상미디어

Michael Gelb. (2005). 레오나르도 다빈치처럼 생각하기. 공경희 역. 대산출판사

Michael S. Sweeney Foreword by Richard Restak, M.D. (2009). Brain The Complete Mind. Washington, D.C:National Geographic Society

Peter R. Huttenlocher. (2002). Neural Plasticity(:the effects of environment on the development of the cerebral cortex). Massachusetts:HARVARD UNIVERSITY PRESS

Oliver Sacks. (2008). 뮤지코필리아. 장호연 역. 알마

야마모토 다이스케. (2010). 바람피우고 싶은 뇌. 박지현 역. 위즈덤하우스

엄홍길. (2008). 불멸의 도전:히말라야 8,000m급 16좌 완등 기록. 도요새

우제광. (2006). 다빈치의 두뇌 사용법. 류방승 역. 아라크네

이케가야 유지. (2005). 교양으로 읽는 뇌과학. 이규원 역. 도서출판 은행나무

이케가야 유지, 이토이 기게사토. (2006). 해마. 고선윤 역. 서울:도서출판 은행나무

이케가야 유지 (2008). 착각하는 뇌. 김성기 역. 서울:웅진씽크빅

일본뉴턴프레스. (2009). Newton Highlight 여기까지 밝혀졌다 뇌와 마음의 구조. 뉴턴코리아

Sandra Admodt, & Sam Wang. (2009). 똑똑한 뇌 사용 설명서. 박혜원 역. 살림출판사

사토 도미오. (2006). 잠의 즐거움. 홍성민 역. 국일출판사

성영신, 강은주, 김성일. (2004). 뇌를 움직이는 마음 마음을 움직이는 뇌. 북하우스

Steven Pinker. (2007). 마음은 어떻게 작동하는가. 김한영 역. 동녘사이언스

신동훈, 이동섭, 주경민, 황영일. (2010). 7일간의 신경해부학 실습(:지침서와 아틀라스). 고려의학

탐 스태포트 & 매트 웹. (2006). Mind Hacking. 황금부엉이

Richard R. Restak. (2004). 나의 뇌 뇌의 나. 김현택 역. 학지사

Richard R. Restak. (2009). Think smart. New York:Penguin group

Robert Winston. (2006). 인간. 김동광,이용철 역. 사이언스북스

Windsor Chorlton. (2004). 인체의 신비. 예병일 역. 넥서스북스

Vilayanur S. Ramachandran, & Sandra Blakeslee. (2007). 라마찬드란 박사의 두뇌 실험실. 신상규 역. 바다출판사

〈뇌가 좋은 아이-한 살 아기에게 책을 읽혀라〉(KBS제작팀/신성욱, 마더북스, 2010)

이쿠타 사토시『음식을 바꾸면 뇌가 바뀐다』(이아소, 2011)